让你受益一生的成功必读指导

KAO CHUANGYI
SHIXIAN CAIFU ZIYOU

靠创意
实现财富自由

刘瑶◎编著

　　赚钱一定有方法，成功不是偶然的。怎样
积累财富，怎样让财富如滚雪球般膨胀……都
有一定的方法与技巧。

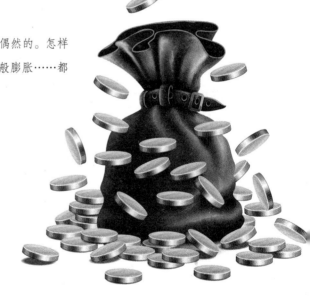

煤炭工业出版社
·北京·

图书在版编目（CIP）数据

靠创意实现财富自由／刘瑶编著．－－北京：煤炭
工业出版社，2018

ISBN 978 - 7 - 5020 - 6553 - 9

Ⅰ．①靠… Ⅱ．①刘… Ⅲ．①创造性思维—通俗读
物 Ⅳ．①B804.4 - 49

中国版本图书馆 CIP 数据核字（2018）第 052242 号

靠创意实现财富自由

编　　著	刘　瑶
责任编辑	马明仁
封面设计	盛世博悦

出版发行　煤炭工业出版社（北京市朝阳区芍药居 35 号　100029）
电　　话　010 - 84657898（总编室）
　　　　　010 - 64018321（发行部）　010 - 84657880（读者服务部）
电子信箱　cciph612@126.com
网　　址　www.cciph.com.cn
印　　刷　北京德富泰印务有限公司
经　　销　全国新华书店

开　　本　880mm×1230mm$^1/_{32}$　印张　7$^1/_2$　字数　220 千字
版　　次　2018 年 5 月第 1 版　2018 年 5 月第 1 次印刷
社内编号　20180032　　　　　定价　49.80 元

大多数人之所以未过上自己梦想中的生活，其中一个较普遍的原因就是经济基础不牢。于是，有人天真地想：要是拥有一棵摇钱树该有多好！

摇钱树是传说中的一棵宝树，它结的果实是钱，只要人们去摇动它，钱就会掉下来。传说中的摇钱树有两个权，有人为了寻找它而绞尽脑汁，最终发现：所谓的摇钱树，原来就是自己勤劳的双手。

双手的确能够"摇"出钱，但在当今社会，"摇"钱仅靠双手是不够的，更需要一颗充满智慧的大脑。

要拥有智慧的头脑，首先要去除对钱的错误看法，没钱不光荣，有钱不可耻，赚钱是一种美德，也是一种义务。我们从小被灌输的大都是强调精神富有、鄙视物质富有的思想，这种片面教育令我们羞于谈钱，认为钱是肮脏的、丑恶的，是"万恶之源"。我们对待钱的态度，与在其他方面开放的人性化生活方式格格不入。诚然，有钱不一定能买到幸福，但缺钱却会带来痛苦。清高孤傲的诗人不能饿着肚子歌颂真、善、美，才华横溢的画家也不能买不起画笔和宣纸在沙滩上作画。因此，我们要断然与贫穷决裂，并理直气壮地向其宣战。

要拥有智慧的头脑，我们还要了解自己的个性与长处，以便在赚钱过程中不断完善自己的个性和发挥自己的长处。事实上，许多亿万富翁的个性都有不完善的地方，只是他们在创造财富的过程中，从来没有放松过对自己个性的补充、完善与丰富。

要拥有智慧的头脑，我们还要学习赚钱的方法与技巧。赚钱一定有方法，成功不是偶然的。怎样积累财富，怎样让财富如滚雪球般膨胀……都有一定的方法与技巧。

要拥有智慧的头脑，我们还要学习对于金钱的使用。在某种意义上，金钱的使用比获取更为重要。英国一位学者说过："赚钱比懂得花钱要轻松容易得多，并不是一个人所赚的钱构成了他的财富，而是他花的钱和存钱的方式造就了他的财富。"一个人若把及时行乐、纸醉金迷看作时尚，将贪婪至极、豪奢竞逐奉为准则，那么，他失去的不仅仅是金钱与财富，还将失去灵魂与气节。

我们大多数人都有一双勤劳的手，而真正致富的人却凤毛麟角，关键原因就是没有一颗像富人一样思考的智慧头脑。一双勤劳的手是摇钱树，但离不开提供它养分的土壤——一颗智慧型头脑。

怎样打造一颗智慧型头脑？本书通过大量事例，生动地展示了靠创意赚钱的每一个步骤，告诉你这样做的好处，同样也会告诉你如何才能做到这样，是你赚钱路上的好帮手。

目 录 Contents

第一章　最大的金矿是自己

鄙视金钱的时代已经过去，人人都渴望早日致富。越来越多的人怀着一番创业豪情投身于商海，他们有的人早已跻身于富豪之列，而更多的人仍没有扭转困窘的局面。

你没钱的理由是什么？是不是你认为自己不够努力或是不够幸运？或许你相信自己赚不了大钱？不论原因是什么，都不值得保留，当然也不值得争辩。它在你所处的地方以及你想去赚钱的地方之间筑起一道墙，使你每次对自己说"我永远无法突破"或"我也没办法，我一直如此"。在你的负面信息不断地影响自己时，就好像你在对自己说："我不想赚钱。"

大多数没有钱的人都有一个共同的特点：他们知道没有钱的一切理由，并且有他们自认为无懈可击的借口，以掩盖他们自己之所以没有钱的愚蠢。这些借口有的很巧妙，而且很容易成为推翻事实的证据。不过借口终归是借口，它永远不能当钱用。

事实上，贫穷往往趋向于以贫为忧的人，通过同样的法则，钱则被那些刻意准备迎接它的人所吸引。贫穷意识总是攫取没钱人的心灵。贫穷的发展无须有意识地应用有利于它的习惯；而金钱意识则必须刻意创造才能产生，且必须使其处于发号施令的地位，除非一个人生来便具有金钱意识。

天生我才必有用，每个人都拥有一座金矿，但如果你不懂得如何利用资源去开采与挖掘，你就只能是一个守着金矿的贫穷更夫，而不能成为开采金矿、腰缠万贯的老板。

树立正确的金钱观

一提起钱，人们总是爱恨交加。爱的时候是称兄道弟，"孔方兄"挂在嘴边不停地叫，甚至不惜一日三炷香，乞求财神爷保佑发达。恨的时候，则对它咬牙切齿道："钱，一把杀人不见血的刀！"

为什么同样是金钱，却给人两种天壤之别的态度呢？钱到底是美好的东西，还是"万恶之源"？

1. 金钱是有益的

在我国传统的文化中存在着一些根深蒂固的观念，比如，对金钱的鄙弃。如"铜臭"这样的词语就是一个例证。贪婪、无情和虚伪，等等，是人们附加于财富上的态度。

一个社会如果鄙弃发家致富这种现象广泛存在，说明这个社会制度肯定是出了问题。这种病态制度会把一切东西歪曲，包括人们的观念。在这样的制度下，人们通过鄙弃致富来建立起自己的道德优势。这些人纵使对富人妒忌得牙痒痒，于众人面前仍然要说，"看他那样，钱肯定不会是好来的"。这就是说，当这种人在发家致富中没有取得优势时候，他便试图建立一个"贫穷也光荣"的道德观念，并且一般会有意识地把这种观念和财富的多寡反向相连。显然，这当中还是"等贵贱，均贫富"的小农意识作祟。

事实上，金钱对任何社会、任何人都是重要的；金钱是有益的，它使人们能够从事许多有意义的活动；个人在创造财富的同时，也在对他人和社会做着贡献。

中国改革开放的总设计师邓小平就说过："贫穷不是社会主义。"

因此，我们可以光明正大地认为：我为社会创造了财富，也为自己积累了金钱。下一步，我将用手中的金钱和我的才能，为社会也为自己创造更多的财富，因为，我没有理由选择贫穷。

2. 金钱是生活的基础

现实生活中，我们每个人都承认，钱不是万能的，但没有钱却是万万不行的。我们每个人都需要拥有一定的财产，如房屋、家具、电器和服装等，这些保证我们基本生活的元素都需要用钱去购买。

如果你在银行有一大笔存款，又有稳定的职业，那你当然觉得生活有了保障，事业有了奔头。在一定程度上，有钱可以呼朋唤友，可以消除寂寞和忧愁。在现实的世界里，有钱确实可以产生效率或让他人为你服务。钱虽然不能买到健康，却可以使你的身体获得很好的照顾。幸福虽然不是因钱而来，但痛苦却往往是因缺钱而至。所谓"一分钱逼死一个好汉"，就是因缺钱而痛苦的写照。人的一生中，难免会遇到问题需要处理，而医生、律师之类的服务人员，都需要付费才能提供服务。这些事实归纳成一个特点：金钱确实是小康生活的一种保障。

3. 财富秩序的正面意义

尊重财富，就是尊重公共选择的规则。财富可能不是一个最好的规则，但我们总结历史，会发觉没有其他比这更好。你钱多，你就得到更好的享受，你可以买自己的车，你可以买好的房子，可以不必在金钱上忧虑。当然，要保证这个规则的合法，有个前提就是财富的来源必须是合法的。然而，必须注意的是，在没有证据证明财富的不合法性时，我们必须把它当成是合法的。这如同在司法意义上，即使怀疑一个人犯罪，但在没有证据之前，不能把这个人当作"犯人"，即使在有证据的时候也应该说是"嫌疑人"。这个原则是因为我们根本找不到绝对"充分"的证据。

财富这种秩序，好处是明显的。我们可能会把道德、权力、种族等作为资源分配的原则。比如，所谓"成功人士"就可以开好车、住高级房子，但这种分配方式本身就存在内在矛盾，是不完善的。因为"成功人士"首先就应该是高尚的、对社会的贡献应该是巨大的，但如果他占有更多更好的资源，他也就不是"圣人"了。

显而易见的是，只要人心中还有"自私的基因"，这些分析模式都不是最好的，或者存在内在矛盾，或者导致更大的混乱。也就是说，这种分配方式是很难构成一种稳定的秩序的。

正因为"金钱"具有了衡量价值和计量价值的含义，人们自然而然地就形成了用"金钱"衡量"财富"价值的习惯。但是，正如同"财富"在词义上包含的范畴大于"金钱"一样，人们对财富的拥有，就有了不同的认识。比如，当"雷锋精神"被当作我国人民的一笔精神财富时，就不能用"金钱"衡量，因为世上从来没有"精神金钱"。

因此，财富作为一种有效秩序，是人们希望拥有"财富"，希望通过"财富"为社会提供一种秩序。

4. 自由也需要财富支撑

财富与自由，是躲避不开的两个问题。

拥有更多的财富，代表着人可以节省很多为谋生而奔波的时间，自己和家人将可以过上一个相对稳定安逸的生活。既然如此，又怎可以割舍自由和财富的关系呢?

有人认为，自由是一种真正的财富。一个人的自然财富越多，他可以做的选择就越多。显然，这话反过来也是成立的，"财富是一种真正的自由"。意思是说，财富和自由有一个交集，这个交集就代表着自由和财富有直接联系的那部分。

我们对财富历来的态度，原因之一是因为人们会认为一个人富裕将会导致另外一个人更加贫穷。这个态度显然和"搜刮民财"相关，这实际上是浅薄的偏见。正如《所有权、控制与企业》一书中所说的："富人的财产并没有垄断功能，因此富人并不因其富就能给他人造成成本负担。他们面对的是来自各种人以及各种选择所造成的竞争。"

5. 要尊重财富

一个连对财富基本尊重的法则都没有的社会，妄谈文明二字。保护私有财产，是尊重财富的前提。而文明制度"承认财产分配的不平等现状，鼓励每一个人以最低的资金和原材料消耗生产尽可能多的产品，因此，人类今天生产的产品数量超过了他们消费所需的数量，形成了年复一年的财富积累"。曾经有位经济学家说过："假如人们消除了这种驱动力，生产量就会随之降低，从而导致在实行平均分配的情况下，人均收入将下降到今天最穷的人的收入水准之下的结局。"

在文明制度下，财富可能来自于机遇、创新、变革和勤奋，一个人的财富多少也就基本代表了他的机遇和努力，财富越多，表明他对社会做出了越多的贡献。这样的人，我们理应给予敬意而不是口诛笔伐。这种制度将催生一个讲究信誉的社会环境，那些极尽坑蒙拐骗之功的人将得不偿失。这样的制度也将大大地促进创业者们的创新精神。

所以应该向财富致敬。财富并不是龌龊的"阿堵"，而是一种合理制度下的竞争所得。这种鼓励财富竞争的机制将会使我们每一个人获益。

6. 金钱有利亦有弊

以上五点所说的都是金钱的好处，但金钱是一把双刃剑，不懂驾驭钱财的人，最终也会被金钱所伤。比如，没钱的人会为了钱铤而走险，有钱的人则依仗钱多胡作非为，结果均逃脱不了害人害己的下场。

其实，钱本来没有什么特别，马克思早就告诉过我们，钱其实也是商品，只不过是一种特殊的商品而已。钱本身是中性的。

正确认识自己的八大法则

大卫·布朗是美国最赚钱的电影制片商之一，但他曾三次被解雇。

在好莱坞，他一跃而成为"20世纪福克斯制片厂"的第二号人物直至他导演《克里奥佩特拉》（埃及最后一个女王）一片，不料这部影片卖座奇惨，接着公司大裁员。于是，他第一次被解雇了。

在纽约，他在新际美利坚文库担任编纂部副总裁，但因他在工作中与一个不学无术的门外汉发生冲突，使他第二次遭受失业。

后来他又返回加利福尼亚，被重新任命为"20世纪福克斯制片厂"的高层职务。后来因董事会不喜欢他提议所拍摄的几部影片，他再一次被革职。

经过三次失败，布朗开始认真思索他的工作作风，重新审视自己。他认为自己在做事时一向敢言，肯冒险，喜欢凭直觉处事，遇事有独到见解，这些都是决策者所必需的素质，也就是老板的作风，但不是当雇员的行为。他意识到像自己这样的个性，不适合在大机构里服务。于是，他自立门户，拍摄了许多影片。

事实证明，布朗是个天生的企业家，他在别人手下当行政管理人员之所以失败，是因为他的潜力和特长无法发挥出来。

布朗的成败告诉我们，要客观、正确和全面地认识自己，才能扬长避短，做出合乎实际的选择。

钱不会从天上掉下来，需要你用双手劳动去获取。你所从事的行为以及你在这个行业所扮演的角色要和你的个性、风格、兴趣、能力及价值观相配合。如果不了解自己具有何种素质、属于何种类型的可能人才，就不会做出正确的判断与选择。不仅工作做不出色，赚不到多少钱，而且还会不自觉地浪费了自己宝贵的天赋。

就以我的同学来说吧，有的同学当年才华洋溢，是高才生，但工作后却毫无建树；而有的同学在校时很不起眼，成绩平平，工作后却硕果累累。当然导致这种结果的因素很多，但有相当大的一部分原因，是由于有的同学所扮演的角色合适，有的同学所扮演的角色不合适。现代心理学家们研究的结果表明：一个人事业的成功与失败，多半取决于个性的发展，而不是取决于智商。

美国有人曾把一些工科学生的个性、学习成绩、智商与他们毕业5年后的收入做了比较，证明个性和事业的成功确有密切关联。事业成功和个性的关系是0.72，和智商的关系是0.18，和学业成绩的关系是0.82。他以个性适合与否为标准，把工科毕业生分为上、中、下三等，调查结果显示，上等毕业生平均收入为3000美元，下等毕业生平均收入为2076美元。他又以智商的高低为标准，把他们分为上、中、下三等，调查结果发现，上等毕业生平均收入为2400美元，中等毕业生为2500美元，下等毕业生为2100美元。

这一调查表明，是"个性"决定了他们的成败。智商高的人的升迁机会不如智商比他们低的人。

古人云："人之才行，自昔罕全，苟有所长，必有所短，若截长补短，则天下无不用之人；责短舍长，则天下无不弃之士。人无完人，金无足赤，若用己所长，中人也会成事，若用己所短，高也会见绌。"

　　清代诗人顾嗣协在他的《杂兴》诗中也对此有过比喻："骏马能历险，力田不如牛，坚车能载重，渡河不如舟。舍长以就短，智者在为谋，生才贵适用，慎勿多苛求。"

　　著名的科普作家阿西莫大，他本人是美国波士顿大学生物化学教授，但他在分析自己的才能时认为：我绝不会成为一流的科学家，但是我可能成为一个一流的作家。因而他选择了科普读物这一行。果然，据有人统计，40余年间他写的书多达240部，而在科学研究方面的成就却微不足道。当然，丰厚的版税收入，令他过上了优渥的生活。

　　伟大的物理学家爱因斯坦，在一次实验课上弄伤了右手，教授为此叹气地说："你为什么不去学医学、法律或语言学呢？"爱因斯坦回答："我觉得自己对于物理学有一种特殊的爱好和才能。"以后，他在物理学上取得的成就，证明了他对自己的认识是正确的。

　　美国物理学家肖克莱，他与巴丁和布拉顿一起发明了世界上第一只晶体管，并因此获得诺贝尔奖。在晶体管研究方面，他展现了极高的理论思维能力，晶体管工作原理的理论就是他提出的，晶体管问世以后得到了广泛的应用。肖克莱预见到了社会对晶体管的需求，于1954年，他辞去了贝尔电话实验室的职务，到加利福尼亚州创办了一家肖克莱半导体研究所，这本是一家商业性的企业。开张之时，8位青年科学家追随他，充当他的助手。但是肖克莱不会做生意，对于企业如何赚钱、如何与对手竞争、如何与同事一起商量，他都很不在行。他的企业不像是商业性的实体，更像是个纯学术机构。没过几年，助手们意见分歧，一个个离他而去，企业入不敷出，渐渐难以支撑，最后被人收购。肖克莱苦心经营的这家企业，最后以失败告终。肖克莱有杰出的研究才能却未必有出色的经营才能，科学研究和经营谋利并不是一回事。它们有着不同的特点，肖克莱缺乏这点自知之明，贸然从事自己不擅长的工作，舍己之长，用己之短，他的失败在他离开科研机构，办起商业实体之初，就已经潜伏下来了。

可见客观地认识自己的重要性，认识自己并发现自己的特长和潜能，就如同掌握一门根雕艺术。树根千姿百态，艺术家要善于用树根的天然形状顺势雕刻成栩栩如生的各种形象。其实我们每个人也与树根一样千差万别，十人十面。只有根据自己的特点，相应择业才能顺势致富。希腊哲学家把认识自己看作生命的一个重要目的。古人云："知己知彼，百战不殆。"我们只有正确认识自己，才能知道什么样的事业可以真正发挥自己的潜能，从而得到最大的经济回报。

然而真正认识自己不是一件容易的事，需要有科学的方法和实事求是的态度，这里简要地介绍几种方法。

第一，征询法。向自己的父母亲人、同学朋友和师长同事征求意见，了解他们对自己的看法和评价。看看周围的人认为自己适合于做哪种工作。

第二，自省法。自我反省可以帮助我们深入了解自己的才能及事业倾向。了解在过去的生活及工作中有哪些是自己愉快去做，而又得到较大成就的事；哪些是自己不喜欢做，虽尽力却毫无回报的事。检讨一下以往几年间，自己性格的"自我形象"的转变，其中有哪些明显的趋势，能否借以推断以后的转变方向及自身发展的趋势。

第三，测验法。目前社会上出现不少有关心理、性格和智力等各式各样的测验，不妨试一试，作为参考。

第四，感觉法。对自己无把握的事，会本能地产生一种畏惧情绪，这是没有才能的一种反映。与此相反，如果对所做的事感到确有信心做好的话，那正说明你在这方面或许有一定的才能。

第五，实验法。就是用事实作证明。有小说才是作家，有画才是美术家，有发明创造才是科学家。没有作品的作家，没有画的美术家，没有创造发明的科学家，在世界上是不存在的。

我有一位同学，是从事统计工作的，但他心里却总想当个作家。他把剩余的全部时间和精力都用于小说创作。终于，有一天，他写的一篇小说发表了，接着又发表了第二篇、第三篇。这一事实使他认识到自己是能写小说的，是可以成为一名作家的。这就是从已成的事实中，认识和发现自己的才能。当你尚未了解和认识自己的才能时，不妨对有兴趣的学问或工作做一些研究或实践的尝试，看在研究和实践过程中能否达到预期的效果。如果成效显著，就证明你有这方面的才能；如果成效甚微，甚至没有成效，那就说明你不具备这方面的能力。

第六，比较法。不怕不识货，就怕货比货，通过比较可以认识自己的才能。尤其是在比赛场上，如果是竞技比赛，有自由体操、鞍马、吊环和单双杠，那么你在哪个项目中能屡挫对手捷报频传，那便说明你在这个项目上的能力突出。这是人尽皆知的道理。但如果没有可比的对象，也可以拿自己做过的各项工作来比。如有人多才多艺，那就要看哪种才气更大，哪种特长出类拔萃并被社会承认。

第七，考试法。目前除了学校用考试来测验学生的学习优劣外，一般企事业单位也已采用公开招聘的方式来选拔和录用人员。通过考试也可以客观地评价自己。

第八，自问法。向自己提出需要解答的问题，其中要弄清楚的具体问题包括：人生观、价值观、满足需要次序、兴趣、能力、个人形象、动机、家庭背景和影响、任职资格、技能、社交和别人沟通的能力，还有社会活动经验、旅游经验、工作经验、喜爱的工作环境，等等。

除了运用各种方法认识自己外，还要根据自身的实际状况客观地评价自己。

以学历来说，每个人受教育的程度不同，有的人受过高等教育，有的没受过高等教育。即使同是高等教育，也会有高低层次之分，如有学士、硕士和博士。同时所上学校的等级也不一样，有的毕业于清华、北大，有的毕业于一般大学。当然学历不能代表一个人的真正水准，但它可以从一个侧面反映一个人所学知识的多少及具有的专业特长。尤其社会各界在录用人才时是很看重这一点的。因此，这也是你评价自身的客观标准之一。

再就是智力。据心理学家研究表明，人的智力分为五种类型：智力超常和低常者各占1％，智力偏高和偏低者各占19％，智力中等者占60％。一位心理学家对一所大学的学生开发思维能力进行研究，从流畅性、变通性和独创性三个方面评价，发现学生之间有明显的差异。通过和周围人比较，你可以了解自己的智力情况。如你的学习与工作成绩在全班或单位里属佼佼者，说明你的智力起码在正常者以上，这样你就不必害怕到一些竞争力强的行业和单位找工作或创业了。

还有一些非智力因素，如一个人的气质、意志和风趣等均属于非智力因素的范畴。认识自己的这些因素对找工作也很重要。我们常看到这样一种情况，具有同等智力和学历的人，在外在条件相同的情况下，性格温顺、易受干扰者，往往终生没有什么发明、发现和创造；而性格怪僻、固执和多疑者的创造性捷报却纷至沓来。一个重要的原因，在于前者的性格与所从事的工作不适应，后者的性格与所从事的工作比较适应。前者能较好地处理家庭和同事之间的关系，如在服务行业或医护行业，可能会成为出色的服务员或白衣天使，而在科技研究领域却可能一事无成。因为从事科学研究需要的是冷静的批判、独立的思考、精细的观察和坚持不懈地探索。

每个人的性格气质都有所长，也有所短。多血质的人活泼易动；胆汁质的人动作迅速敏捷；黏液质的人稳定持重；抑郁质的人细心谨慎。一般来说，开朗、活泼、热情、温和性格气质的人比较适合从事于演艺、社交和服务性行业；多疑好问、深沉严谨和求实性格气质的人，比较适于科研和医学。外科医生需要的是大胆、沉着，企业管理者需要和气、谨慎，好强多思，能干而又持重。

总之，你要全面了解认识自己，客观正确地评价自己，这样才有可能在选择工作或创业的时候，寻找到自己在社会坐标系中的恰当位置，既能有效地发挥自己的才能，又能充分挖掘自己的潜能，从而最大限度地实现自己的梦想。

保持正确的观念与心态

错误的观念与心态，如一条毒蛇盘踞在你的心头，制约着你的行动。它们一日不除，你就一日成不了富翁。

1. 错误观念

（1）金钱观念不清晰

观念对人的行为具有控制能力，对金钱观念模糊不清，是大多数人未能致富的基本原因。他们在究竟利用何种方法赚钱，以多少钱维持正常的生活水准，以及金钱代表的具体意义等诸方面一直混淆不清。人脑做何种判断的根据关键在于首先要明确何种东西是应该避而不就的；何种东西又应该是极力寻求的。就金钱而言，我们传递给大脑的信号是模糊不清的，因此由大脑判断出的结果也就不明确。我们告诉自己，金钱可以给我们带来自由、舒畅、过上我们喜爱的生活、获得我们喜爱的一切和做我们想做的任何事情。但是与此同时，我们又不得不相信，想获取金钱需做出极大的努力、牺牲更多的时间和付出辛勤的汗水，等到功成业就之后有时间享受时已经是年老力衰了，甚至花钱都不敢大手大脚，怕太招摇了会招来议论，招引别人对自己的钱财眼红。那么，存在着上述诸多问题，我们为什么还要去试一试呢！上述存在的诸种问题并不仅仅发生在自己身上，有时也会涉及别人，例如，当别人发了大财时，就难免不会去猜测他是否手段非法。当你对别人手中的钱有想法时，传递到大脑的信息是什么呢？是否是"钱多了并不见得是好事？"若你心中果真存有这种想法，就会在潜意识里告诉自己，钱财多了会毁坏自己。一味地对他人成功存在厌恶心理，下意识中你面对自己所追求的钱财就会产生畏惧不前的念头。

（2）依赖专家

无法致富的第二个常见理由，在于许多人认为金钱的获取是非常困难而且复杂的事情，所以赚钱之事应该交付专家去实施。让专家替我们赚钱当然是件好事，有可取之处，但是找专家之前至少要考虑一下会产生何种结果。如果你完全依靠专家，放心大胆地让他们自由地去干，他们也难免不出问题，出了问题你也难免不去责怪他们。命运应该掌握在自己的手中，任自己自由地加以控制。

一切都建立在这个观念之上：我们只有了解自己的智商、能力、身体和情绪的起伏情况，才能据此来灵活控制自己的命运。在金钱世界里我们也应该遵循这个道理，我们要去认识和掌握赚钱之道，不能被复杂的困难所吓倒并退缩。只要你掌握了其中的基本道理，如何理财就成为一件简单的事情了。

（3）观念受限

无法获取财富的第三个原因，在于有限观念的影响，从而给自己带来了极大的压力。时下，许多人都相信世界是有限的，诸如土地有限、原料有限、住所有限和时间与机遇有限，等等，在此观念支配下，有人成功免不了就要有人失败，在观念上就免不了将人生当成游戏和一无所有的零。倘若你也持有此种观念，那么致富的方式只能仿效20世纪初的经济掠夺，尽可能地独霸市场，只将10%的利润分给他人，其余的利润则全归于自己的名下。

实际存在的问题是此种方式目前已不奏效，安东尼奥有位叫鲍勃·皮埃尔泽的朋友，是位经济专家，因为提出"炼金术"这个经济理论而名扬学术界。他写了一本名叫《金钱无穷》的书，安东尼奥认为很有阅读的价值，书中体现了鲍勃本人的观念以及提出了自己的理论支柱：我们生存的环境是一个资源充足丰富的好地方。他明确指出，我们现在已处在前所未有的时代之中，资源有限观念已经不能适应当今的社会了。事实上，资源的充足与否关键在于科技的发展程度，某些事实已经证明，资源的储量是相当惊人的。

当安东尼奥与鲍勃交谈时，他举了一个重要的例子，证明了资源的获取及其价值大小受控于科技进程，产品的价值与价格由科技来决定。20世纪70年代初，几乎每个人都认为石油面临消耗完结的威胁，到了1973年前后，为给汽车加油，许多人花时间去排长队。当时，据电脑分析的结果看，全球石油储量为7000亿桶左右，而从当时的石油消耗情况看，这些石油约可再维持人类35 ～ 40年的用度。鲍勃说，如果当时的估计是正确的，到1988年石油储量将下降到5000亿桶，而据1987年的调查结果显示，实际石油储量竟达到9000亿桶，整整比1973年多出了30%，这些数字仅仅是有据可查的，至于尚未勘探出的石油究竟为多少兆桶，只有等待新的科技去开采和挖掘了。

石油的储量为什么会有如此大的变化呢？原因有两方面：一方面归因于石油的开采技术提高了；第二方面是提高了石油的使用效率。在1973年谁会想到发明电子打火的燃油喷射系统，将其安装在汽车上，从而将燃烧效率提高了两倍以上呢？更有意义的是，使用的电脑晶片以25美元的花费竟取代了先前价值300美元的汽化器！

这类科技一出现，就一下提升了汽油的供应量达两倍左右，可以说，石油相对不足的情形在一夜之间得到改观。如果将通货膨胀的调整及汽油燃烧率的提高加以衡量，在汽车行驶相同距离的情况下，现在汽车单位里程的耗费成本，在汽车史上达到了前所未有的低成本。实际上现在几乎全球的科学工作者都在致力于寻求石油的替代品，以解决工厂和交通工具的燃眉之急。

应该记住，科技可以决定物质的价值，可以将腐朽化为神奇，将废物变成可用资源。不妨想一想，若干年前即使发现石油，当时的人们也会视之为废物，但是随着科技的发展，过去的废物今天却成了财富之本。

鲍勃又说，真正的财富应该来自他所谓的"经济炼金术"。这种"经济炼金术"，指的是能将无价值的东西变换成有价值，甚至是重大价值的东西。中世纪的炼金术，其目的即是由铝变成黄金，这种努力虽然最终失败，但为之后的化学奠定了发展的基础。现今致富的人们，从某种意义上说，是名副其实的现代炼金者，他们通晓将平常的东西变成贵重的物品，从而在经济上获取最大的转换利益。不妨想一想，在数据和资料方面处理效率惊人的电脑实际上是由沙子制成的——其晶片由硅做成，而硅又是沙子的主要成分。能把心中的主意经过实际的操作从而获取较大的经济利益的人，实际上就是在进行炼金。因此，财富的根源在于人如何使用大脑。现代炼金术一直是当今世界上许多富豪的致富秘诀，这些人中有比尔·盖茨、罗斯·裴洛、山姆·盛顿等，他们都通晓应用何种办法将未显露出的价值创造出显赫的利益。他们没有人云亦云，他们的产业横跨各个领域，但是唯一的共同点，可以说是独立思考、有自己的观点与合理的发现。炼金术理论能否在我们这个缺乏创新传统的国家里得以落实，的确是每一个在这里生活并创造财富的人必须思考的一个问题。

（4）没钱也需要投资

似乎很多人都很自然地持有这种观点：投资，投资，投的是"资"，没有"资"，拿什么"投"啊？！似乎只有有钱人才能投资，跟工薪族无关，但其实这是一个逻辑上的循环论证。"投资"和"资"的关系有点类似于那个经典的先有鸡还是先有蛋的问题。太多的时候，"资"不是投资的理由，改变自己的处境才是你打出第一笔投资的终极动力。有不少人一生下来就家境贫寒，但后来却出现两种不同的情况：一部分人通过投资和理财，经济状况渐入佳境，过上宽裕的日子；另一部分人却束手无策，坐等机会，终身在贫困线上挣扎，更谈不上个人发展了。是否肯去投资，是否善于理财，对于缺钱者来说，其结果截然不同。

缺钱时可以有两种选择：一种是安于现状，不去设法投资和理财，其结果当然是永远没有钱，除非有天外之财从天而降；另一种选择是设法去理财和投资。而投资又可能出现两种结果：失败或者成功。如果投资不当，就会雪上加霜。这也没什么大不了的，反正是缺钱，只不过比以前更缺一点儿罢了。只要不去过度投机，而是精心筹划，谨慎从事，这种情况是可以避免的。如果投资成功，并逐渐把蛋糕做大，就可以告别那种囊中羞涩的状况。在投资的结果中，成功的机会至少有50%；而不投资，其成功机会为零。

收入不稳定的人也需要投资。收入不稳定是一种风险，有可能某一段日子收入中断，生活顿时没有保障。一旦收入减少甚至中断，到何时才能再有收入呢？因此，为保证自己能保持稳定的生活质量，就应该居安思危，及时做出投资和理财的安排。

"领带大王"曾宪梓的不平凡经历可以充分说明投资对缺钱者的重要

性。曾宪梓生于贫苦家庭，从小过着艰难的生活，新中国成立后他才有条件重新走进校园，考进中山大学。毕业后分配做广告工作。1964年，为解决家产纠纷，他前往泰国，在哥哥手下当帮手。1968年，不愿再过寄人篱下生活的曾宪梓终于带着家人前往香港地区定居。为了维持生计，他东拼西凑，筹集资金，开办了一家比较简陋的领带加工厂。凭着一把剪刀和百折不挠的精神，曾宪梓生产的"金利来"领带终于在20世纪70年代一举成名，并迅速占据了香港市场。20世纪80年代，"金利来"又以排山倒海之势进军大陆。如果曾宪梓当年不是那样积极设法去投资，他将在贫困中煎熬更长的时间，也不会有今天这样辉煌的业绩。

（5）理财不如去消费

经济不景气的时候，国家政府往往会采取一些鼓励消费、刺激需求的政策，如降低利率等。这些方法使得我们当中的很多人走上误区：市场上的东西好便宜啊，钱存在银行里没用！干脆去买东西、去消费。反正都是家里人用！应该说，目前持这种观点的人不在少数。每个周末，你来到各大商场，肯定会看到为数不少携家带口的家庭集体购物者，看到打折商品便趋之若鹜，也不管能不能用得着，买回家再说。中国家庭支出的管理在一种看似有序的小智慧掩盖下其实已经到了很不合理的境地，这倒也不能归咎于个人，家庭消费，总有一个趋向合理的自然过程。需要所有人在观念上的成熟与进步，包括最基本经济常识的普及。这里我们不妨借用一个经济学基本概念：边际原理。

成功的家庭理财不仅在于"增收"，还在于"节支"，即家庭支出的管理。运用经济学中的"边际原理"，可以帮助你管理好家庭支出。

我们消费商品是为了满足某种需要，对于这种需要的满足，经济学家称之为"效用"。效用总是和稀缺联系在一起的。同样一杯水，在沙漠中意味着生命，而在江河中却微不足道。同样1000元钱，对目前很多普通工人来说，是1个月全部的生活来源，而对于老板族来说，恐怕不过是一顿饭钱。就消费而言，当达到一定量以后，人们对已有物品的消费越多，每增加一个单位，消费所能提供的效用（即满足感）越少。这就是边际效用递减原理。在日常家庭开支中，如果能有意识地运用"边际原理"，将有助于我们理好财。

首先，支出有计划。现实中不少家庭往往是该花的钱花，不该花的钱也花，能少花的多花，结果造成支出浪费。家庭打算购买的大件商品和大笔开销，应该提前计划，什么季节买最划算，买什么标准的既经济又实惠。这样，有了一定的目标和计划，便可以有目的地到市场上了解行情，进行对比，让有限的资金发挥最大的作用。

其次，有钱不买闲。从边际原理中可以看出，闲置的消费不仅没有实用价值，而且可能起副作用。有的家庭孩子本无心学习弹钢琴，当家长的自己也不懂却硬要购买一架，结果钢琴成为一种昂贵的闲置，只能作为家庭中一个毫无意义的摆设。商品买回家不经常使用就意味着浪费，因此，不能冲动地因为流行和降价而买回目前并不需要用的商品，正所谓"有钱不买半年闲"。

再次，唯稀缺消费。潮流的变化和商品的升级换代总是让人目不暇接的。从录像机到VCD再到DVD，人们总是买了这个弃了那个，也不知浪费了多少钱。所以，消费观念应以稀缺消费为前提，立足在适用、耐用和实用上，而攀比赶时髦，既浪费了原来的，又增加了新的支出。

总而言之，要懂得享受金钱的喜悦，但比这更重要的是懂得积蓄金钱。

节俭和储蓄对一个人积累财富来说十分重要，你一定得分出一部分的成果，将它们储藏起来以防万一并备不时之需。你知道吗？每100个美国人里只有3个人，当他们活到60岁时，生活依然有保障。而大部分的人则觉得死亡是遥远的，他们只在乎眼前，为了满足一时的购买欲，无节制地使用信用卡，他们一生所赚的钱（一个全职的员工平均拥有超过75万美元的总收入）大部分都花掉了。而当他们退休时，手边积蓄已经不多了，只好省吃俭用，日子过得远不如当年刚开始工作的时候。

一个善于筹划的人绝对不愿沦落到如此的地步，然而要如何避免呢？

· 每个月的第一件事，先付钱给自己

把自己当作电话或水电公司，每个月付钱给自己。分拨出一定的金额，将它存入银行账户，除非有任何紧急事故发生，否则绝不提用。每个月挪出一点儿存款，对于一般的上班族而言丝毫不成问题。

·在自己身上投资

不管是知识进修或是学习技能，试着在各方面提高自己——如此一来，你才能赶上时代的趋势，拥有多种能力来应付瞬息万变的现代社会与市场需求。

·培养消费低或不消费的习惯

在公园里散散步或在附近的人行道走一走；搭乘公车去免门票的动物园或画廊；再不然和朋友聊聊天，和讨人喜欢的小朋友一起到游乐场玩耍，这都是不需要花什么钱的。假如你热爱运动，找个下午在前院踢足球，如果没有足球，那就想象自己有一个！纸上谈兵可能比真的球赛还有趣。

·不要助长贪婪之心

如果你发现自己愈来愈偏好某些"欲望"，就该立即断绝刺激的来源。把围绕在物欲的话题，转向谈论创意和新的想法。尽量避免为打发时间而到百货公司或购物中心闲逛，并且少看电视广告，减少不必要的购买欲望。如此一来，你会很惊讶地发现自己的心思已不在物质上打转，而专注于美好持久的事物上，对人、理想与工作更加投入。

·具体列出退休时所需要的经济来源

从这个月起，你该开始着手计划。首先决定将来从什么时候起你就不再靠每天的收入过活了。想一想如果要维持一个生活环境需要些什么固定的开销；算一算从今天起每个月需要存多少钱，到了希望退休的那一年，才有足够的存款。你或许可能通过财务顾问来帮你完成个人的计划，当然一份计划最重要的关键，便是执行是否彻底——日复一日，年复一年，始终依计行事，不改初衷。

2. 心态误区

约翰斯顿曾写信给他的兄弟——美国历史上著名的总统林肯，告诉他自己"破产"了，在伊利诺伊州科尔斯县的家庭农场"经营压力很大"，所以需要借一笔钱。林肯总统给他写了一封回信。

亲爱的约翰斯顿：

很遗憾，我并不认为满足你80元钱借款的要求是一个好主意。以前，每当我帮了你一个大忙，你总会说："这下好了，我们不会有问题了。"可过不了多久，你又会陷入同样的困难中。既然这种情况一再发生，那就只能从你自身行为的缺陷中去寻找原因了。你的缺陷在哪里呢？我觉得我应该略知一二的。你不懒，但你仍然是个游手好闲的人。我怀疑，自我上次见了你后，你有没有干很多的事，因为你看不到从工作中可以得到很多东西。

这种无益的浪费时间，就是造成困难的全部原因。你应该改掉这个习惯，这对你，甚至对你的孩子都有非常重要的意义。为什么对你的孩子们有更重要的意义呢？这是因为他们的生命时间还更长，当他们开始人生的旅途时就抛弃这种游手好闲的习惯，比他们开始人生旅途后再去想办法克服要容易得多。

现在你急需一些现钱，但我只能给你一个忠告：马上就去工作，为能给你的劳动付出合适报酬的人"尽你所能"。

让父亲和你的孩子照管家里的一切——种地，照看庄稼。你出去工作，找一份报酬好的工作，或者去以工抵债。为了确保你能得到合适的报酬，我在这里向你保证，从今天开始到明年5月1日为止，你在工作中每得到1元钱的报酬，或抵掉了1元钱的债务，我就加付你1元钱。

这样，如果你得到了一份月薪10元钱的工作，你就能在我这儿得到另外10元钱，你的月薪就成了20元。我也并没有要你出远门去圣路易斯，或去加利福尼亚的铅矿或金矿，我只是让你在我们的家乡科尔斯县附近找一份报酬最合适的工作。

你能做到这点，你就马上能还清债务，更有益的，你还会培养起一个好习惯，使你永远不会再负债了。如果我现在满足你的要求，借给你钱，明年你还会欠下更多的债。你说如果得到70元或80元钱，你愿意把自己在天堂里的位置也让给别人，那你也太贱了。我可以肯定，加上我奖励给你的钱，你干上四五个月就能得到七八十元钱。你还说，如果我借给你这些钱，你就会把土地抵给我，而且，如果你还不了钱，就把土地所有权给我——荒唐！现在你有这些土地都生活不下去，那么，没有了这些土地你又怎么能生活下去呢？你对我一直不错，我现在对你也不是不讲亲情。相反，如果你听从我的劝告，你就能发现，我这里提的忠告比我借给你80元钱还值钱。

祝福你！

　　你的兄弟

亚伯拉罕·林肯

　　林肯总统再明白不过，除去天灾人祸或其他意外，贫穷肯定是自身的原因所致。当然钱可能会对约翰斯顿有所帮助，但这种帮助只能是暂时的，如果不改变思想，他仍然会贫穷下去。林肯所能做的，是使他选择自己的思想去改善自己的经济状况。

　　在美国政坛与商界都备受推崇的成功学大师——拿破仑·希尔博士（Napoleon Hill）曾受美国钢铁大王安德鲁·卡内基的邀请，着手调查并帮助全世界知名成功人士的思考模式与行为习惯，总结他们的成功规律。这份工作几乎耗尽拿破仑·希尔一生的精力，最后他得到下列结论："一切的成就，一切的财富，都始于一个意念"（All achievement, all earned riches, have their begin-ning in an idea.）。他后来写了一本《思考与致富》（Think and growrich），他在书中提出了许多成功致富的观念，被后人称为"经济哲学"。当他去世的时候，他的成功学已经传遍美国，传遍五大洲。人们不分国界、不分地域、不分民族、不分肤色、不分性别、不分年龄、不分学历、不分贫富都在争读他的书，都从他的书中汲取成功的力量与养分。他的思想让无数人从一贫如洗而变成富豪，从穷困潦倒走向社会名流，甚至深刻影响了世界上的多位国家总统。

　　希尔博士的事迹已经是几十年前的事了，在以后科学家的研究都指出他的思想是正确的，也就是说，世界的财富其实都是从思想与想象中而来。拥有无数金钱的人与一般人并没有什么差别，唯一的不同只在于思考模式与投资方式上。

　　如果我们想改善自己的经济状况的话，我们就必须改变我们的想法。如果我们不改变考虑问题的方式，我们就永远都不要希望去改变我们的经济状况。我们必须改变自己的内在思想。如果我们改变了有关自己经济状况的内在思想的话，外在的变化就一定会出现。所以，我们要选择好的、健康的有关金钱和财务的思想。

有些人选择了继续生活在贫困中，但却没有意识到这一点，因为他们没能认识到选择的巨大力量。你会听到他们说，"我很想要那件东西，但是我买不起。"这是实话，但如果你继续这样说，你便将伴着"我买不起"度过你的一生。你要选择一种更积极的思想，比方说"我要努力得到它"。当你逐渐建立起了这种期望的想法，你就建立起了希望。永远不要毁掉自己的希望。如果你将自己的希望毁掉的话，你就为自己制造了一种充满困难和失意的生活。

你必须意识到，那些你想从生活中得到的东西在成为物质之前，首先是你自己大脑中的一些思想。我们的财务状况首先是思想，然后才会变成一种现实。所以，我们想改变自己的财务状况的话，必须首先改变我们的想法。如果我们选择自己内在想法的话——我外在状况就一定会发生变化。这是一条法则。当你选择"我买不起"——那你就永远得不到它；当你选择了"我是个快乐的穷光蛋"的想法的时候——你就堵住了自己通往利益与价值的路。

错误的心态，较为普遍的有以下几种。

（1）神经过度敏感

有许多年轻人，他们受过高等教育，也有正当的职业，但是只因神经过敏，无法忍受别人的一句批评或是一句劝告，所以竟无法发挥他们身体里的潜能。这种人常常会因为在办公室或其他地方遇到一些微不足道的小事，仿佛神经就受了很大的刺激而感到悲痛欲绝。这种人随时随地都会疑心别人，对本不相关的行为做出种种对自己不利的联想，因此，他们不但心情总是不快乐，而且工作效率也会降低。通常来说，神经过敏的人往往都具有良好的品格、远大的抱负和渊博的学识，如果他们能克服神经过敏的毛病，必定可以成为获得人身自由的杰出的事业家。

神经过敏是一种严重的缺憾，它往往会成为阻碍人们发展的一个可怕毒瘤。神经过敏还容易使人养成其他种种恶劣的习气，比如，妄自夸大、为人处世上的做作和态度不自然，等等；神经过敏者还常常自己骗自己，常把遇到的一些琐碎小事看得很重要，结果只是自寻苦恼而已。

一个有着神经过敏心理的人时时都会觉得别人正在注意他，仿佛别人所说的话、所做的举动都与他有关。他错误地认为，任何人都在谈论他、监视他或耻笑他——包括他的一切言谈举止和所有习惯。但事实是，他总在注意别人，而人并未注意过他。

神经过敏不但是愉快生活和健康身体的敌人，也是自尊心的敌人。凡是明智者都应该革除这个毛病，不要神经过敏，要保持身心健康，头脑清晰，要努力塑造自己的人格和自信心。医治神经过敏有一个好的方法，那就是多与人交往。当与人交往时，你要少注意自己内心那些细枝末节的感受，而要尊重交往者的才干学识。如果你这样做，那么你一定能医治好神经过敏这一心理疾病。

要想解除这种病症，首先要有自信心，要坚信自己是一个诚实能干、肯守信用的人，这种自信心一旦成为习惯后，就很容易把心理懦怯、时时猜疑的毛病清除掉。美国有个大主教从前也得过神经过敏和怯懦的毛病，当时他每天都感到有人在注意他，在对他品头论足，因而时时感到苦恼。但后来他幡然醒悟，就下定决心不再去考虑别人对他有什么评论或别人怎样想，不久他那神经过敏的毛病果然痊愈了。

（2）缺乏自己的主见

世间有一种最难治也是最普遍的毛病就是"萎靡不振"，"萎靡不振"往往使人完全陷于绝望的境地。一个年轻人如果萎靡不振，那么他的行动必然缓慢，脸上必定毫无生气，做起事来也会弄得一塌糊涂或不可收拾。他的身体看上去就像没有骨头一样，浑身软弱无力，仿佛一碰就倒，整个人看起来总是糊里糊涂、呆头呆脑或无精打采。年轻人一定要注意，千万不要与那些颓废不堪、没有志气的人来往。一个人一旦有了这种坏习气，即使后来幡然悔悟，他的生活和事业也必然要受到很大的打击和损失。

迟疑不决和优柔寡断无论对成功还是对人格修养都有很大的伤害。优柔寡断的人一遇到问题往往东猜西想，左右思量，不到逼上梁山之时决不做出决定。久而久之，他就养成了遇事不能当机立断的习惯，他也不再相信自己。由于这一习惯，他原本所具有的各种能力也会跟着退化。

一个萎靡不振、没有主见的人，一遇到事情就习惯性地"先放在一边"，说起话来也是吞吞吐吐、毫无力量。更为可悲的是，他不大相信自己会做成好的事业。反之，那些意志坚强的人习惯"说干就干"，凡事都有自己的主见，并且有很强的自信心，能坚持自己的意见和信仰。如果你遇见这种人，一定会感受到他精力的充沛、处事的果断和为人的勇敢。这种人认为自己是对的，就大声地说出来；遇到确信应该做的事，就尽力去做。

有一部题目叫《小领袖》的作品，描写了一个凡事都优柔寡断和迟疑不决的人。他从小时候就说，要把附近一棵挡着路的树砍掉，但却一直没有真正动手去砍。随着时间的推移，那株树也渐渐长大，等到他两鬓斑白时，那株大树依然挡在那路中间。最后，那老人还是说："我已经老了，应该去找一把斧头来了。"此外，还有一个艺术家，他早就对朋友们说，准备画一幅圣母马利亚的像。但他一直没有动手，他整天在脑子里设计画的姿势和配色，一会儿说这样不好，一会儿说那样也不好。为了构思这幅画，其他任何事情他都做不成，但是直到他去世，这张他整日构思但一直没有动笔的"名画"还是没有问世。

对于世界上的任何事业来说，不肯专心、没有决心和不愿吃苦，就绝不会有成功的希望。获得财富的唯一道路就是下定决心和全力以赴地去做。

遇到事情犹豫不决、优柔寡断，无精打采的人，不会给别人留下好的印象，也就无法获得别人的信任和帮助。只有那些精神振奋、踏实肯干、意志坚决和富有魄力的人，才能在他人心目中树立起信誉。不能获得他人信任的人是无法取得全面成功的。

对于手头的任何工作，我们都应该集中全部精神和所有力量，即使是写信、打杂等微不足道的小事，也应集中精力去做。与此同时，一旦做出决策，就要立刻行动；否则，一旦养成拖延的不良习惯，人的一生大概也不会有太大希望了。世界上有很多人都埋怨自己的命不好，别人为什么容易成功，而自己却一点儿成就都没有呢？其实，他们不知道，失败的原因只能是他们自己。比如，他们不肯在工作上集中全部心思和智力，做起事来无精打采、萎靡不振；比如，他们没有远大的抱负，在事业发展过程中也没有排除障碍的决心；比如，他们没有使全身的力量集中起来，汇成滔滔洪流。

以无精打采的精神状态、拖泥带水的做事方法和随随便便的态度去做事，不可能有成功致富的希望。只有那些意志坚定、勤勉努力、决策果断、做事敏捷和反应迅速的人，那些为人诚恳、充满热忱、血气如潮和富有思想的人，才能把自己的事业带入全面开花的轨道。

我们在城市的街头巷尾，经常可以看到一些到处漂泊、没有固定住处甚至吃了上顿没下顿的人，他们都是生存竞争赛场上的失败者，败在那些有魄力、有决心的人手下。主要原因就是他们没有坚定的意念，提不起振奋的精神，所以，他们的前途必然是一片惨淡，这又使他们失去了再度奋斗的勇气。如今，仿佛他们唯一的出路就是四处流浪。

青年人最易感染的最可怕的疾病就是没有明确的目标和没有自己的见地，正是因为这一点，他们的境况常常越来越差，甚至到了不可收拾的地步。他们苟安于平庸、无聊、枯燥和乏味的生活，得过且过的想法支配着他们的头脑。他们从来想不到要振奋精神，拿出勇气，奋力向前，结果沦落到自暴自弃的境地。之所以如此，都是因为他们缺乏远大的目标和正确的思想。随后，自暴自弃的态度竟然成了他们的习惯。他们从此不再有计划、不再有目标、不再有希望，如果你想劝服他们，要他们重新做人，实在是一件万难的事。要对一个刚从学校跨入社会、热血沸腾和雄心勃勃的青年人指出一条正确的道路，是一件比较容易的事，但要想改变一个屡次失败、意志消沉和精神颓废者的命运，似乎是难上加难。对这些人来说，仿佛所有的力量都已消失殆尽，所有的希望都已全部死亡，他们的身体看上去也如同行尸走肉一般，再也没有重新振作的精神和力量了。

其实，世界上不少失败者的一生都没有大的过错，但由于本身弱点太多，懦弱而无能，结果做事情容易半途而废，一遇挫折便不求上进。没有坚强的意志，没有持久的忍耐力，更没有敢作敢为的决断力，使他们陷于失败的境地。这些可怜的人啊！其实，如果他们能彻底反省，再寻得一个切实的目标，立下决心，并能持之以恒，他们的前途仍是大有希望的。

（3）小习惯，大影响

良好的气质、儒雅的风度会对年轻人的未来产生非常有利的影响。一个有良好风度的青年人，谁不愿意与他往来呢？而一个脾气古怪、态度恶劣的青年人，谁又会愿意与他交往呢？我们生活在世界上，所向往的是快乐和舒适，而不是冷酷与烦恼。

所以，一个有怪习气的人就是本领再大，也不会有多少发展的空间。一个学识渊博、才华过人的人常常感到奇怪：为什么自己争取不到好的位置？其实他们不明白，自己的态度才是成功道路上的最大阻力。

没有一个店主会喜欢那些行为粗野或无精打采的员工，他们喜欢的是生气勃勃、做事敏捷和令人愉悦的人。而那些浮躁不安、吹毛求疵、为人刻薄和惹是生非的人永远无法成为受欢迎的人物。

一些不易引起人们注意的琐碎小事，往往比一些人人都关注的大事，更易影响业务的拓展和事业的发展。对事业成功危害最大的莫过于不谦虚。缺乏谦恭的品质和为人狂妄自大的人不但在经营上易于失败，而且还将因为这些不良的习性而失去生活上的乐趣。每一个人都应该改掉足以妨害事业成功的种种不良习惯，比如举止慌乱、烦躁不安、行走无力和言语尖刻，等等，因为这些小习惯都会成为造成失败的原因。

你最好能把所有对创富不利的小习惯记录下来，然后对照自己看犯了哪些错误，并研究出怎样来改变这些习惯。如能这样做，你将来一定能取得奇迹般的收获。很多人在无意中养成了不肯谦恭、自高自大的习惯，结果阻碍了他们的成功。所以，凡是渴望成功的人，都应该对自己平时的习惯做深刻的检查，把那些会妨害成功的劣习一一列举出来。如果你真的发现自己确有某些不良的做法，就要勇于承认，不要用借口来搪塞过去，而要将这些不良习惯逐一改正过来。若能持之以恒，必然会有大的收获。

3. 价值观自相矛盾

你的思想中不能有矛盾的价值观。比如，你想拥有金钱，但你同时又认为"金钱是罪恶的"，因为我们从小经常在社会中接受这种教育。这样你的思想就做了两个矛盾的选择，当你拥有这种矛盾的价值观时，你的思想就无法引导你去做出正确的行动去追求你所要的东西。这就如你开车时同时踩上油门和刹车，加油是你的意识下的指令，目的是为了前进，而无意识的刹车却让车没法前进。你想拥有金钱的想法就是在为你追求财富的车子加油，它属于你的意识层面；而"金钱是罪恶的"这种想法却是给你追求财富的车子刹车，这属于根植于你深层意识层面的价值观。有人认为潜意识力量的影响力是意识力量的3万倍以上，所以你的车子非但开不动，还会熄火甚至零件坏掉；也就是说你非但赚不到钱，相反每天还很痛苦，甚至身体及精神闹出毛病来。

所以说你必须要有正确的金钱观念。这就如松下幸之助所说的"贫穷是罪恶的根源"，这种思想注定他肯定很富有，因为他不想自己是罪恶的根源。事实上金钱本身是中性的一种媒介物，并非是罪恶的，只有贪婪地、不择手段地追求金钱财富后纵欲才是真正的罪恶。相反，贫穷却可能更多地催生无数的罪恶发生。

兴趣是最好的导航仪

在选择赚钱行业时，不是"跟着感觉走"，而是要跟着自己的兴趣爱好走，这对于挖掘才能是非常重要的。只有把自己的兴趣和才能紧密地结合起来，才可能使你步上成功的快车道。

近代科学的开山大师——伽利略（意大利人），他父亲是一个有名却很穷困的数学家。父亲不想让伽利略学数学这行，而希望他学医。当时意大利正是文艺复兴的时期，他上大学以后曾被教授和同学奉誉为"天才的画家"，他也很得意。父亲要他学医，他却表现出美术的天分。他读书的地方是一个工业区，当时的工业界巨头希望在当地的大学多造就些科技人才，鼓励学生研究几何。有一天，他好奇地听了一堂数学课，激起了他极大的爱好与兴趣，因此，伽利略开始改学数学。由于浓厚的兴趣与天分，他创造了新的天文学说和新的物理学说，终于成为一代科学的开山大师。

像伽利略这样能将兴趣、愿望和理想相结合的人，古今中外成功的例子很多。

在学校被人耻笑为"傻瓜""低能儿"而被勒令退学的爱迪生，在发明的王国里却显示了杰出的才能。在课堂上"智力平平"的达尔文，在大自然的怀抱里则显得异常聪明和敏锐，成为进化论的创始人。这些正是兴趣使他们由"愚钝"变得聪明了。

小乔治·盖洛普所著的《他们何以出类拔萃》一书中，各个领域的领袖，都把兴趣和热情视为成功的基本要素。将近50%的人对所选领域的工作感到非常满意。多达83%的人说，如果要他们从头做起，他们的选择不变。他们认为，你必须真正喜欢你所做的工作；如果你的确才能过人，你便很可能获得成功。

由此可见，兴趣是一种具有浓厚情感的志趣活动，它可以使你集中注意力于你的事业，使你的事业富有创造性。

据研究，如果可以对某件事情有兴趣，就能发挥他全部才能的80%~90%，并且长时间保持高效率不感到疲劳，而对工作没有兴趣的人，只能发挥全部才能的20%~30%，也很容易疲劳。

我们前面提到的大多是名人和他们的职业，而在实际生活中名人总是少数，神奇的、富有魅力的、令人羡慕的工作和职业，也不是大多数人都能从事的。

其实，这些都无关紧要，在你选择职业时，先不要去管工作多么平凡、多么普通和枯燥，只要你喜欢，那么工作对你来说就不是负担，你就有可能在平凡的工作中，同样可以做出出色的成绩，获取丰厚的回报。

美国有一位兜售杀虫剂的推销员，由于职业兴趣，他开始详细研究这种药粉到底能杀死哪几种虫子。不久，他便对昆虫学很有研究了，于是又开始收集昆虫的标本。他将这些标本盛在小瓶子里，每次遇到了主顾，他就会拿出来给他们看，说明他的药粉所能除去的害虫的样子及这种害虫的危害。其他推销员根本无法与他竞争，他因此而业绩辉煌、收入不菲。

又如有一个卖锁的，他对锁的进化史非常感兴趣。在他的箱子里，共有三把粗重而不精巧的明清古锁。顾客们听了他的关于每一把锁的奇怪历史，还常常为之神往呢。

赚钱不只是一个小目标

2002年12月3日，一架漂亮的麦道600N型直升机降落在广东南海大沥镇一个事先修好的直升机升降坪上。直升机的主人是从"果贩子"起家的刘孟军。

现年36岁的刘孟军，从小就渴望能拥有一架私人飞机，他的家中堆满了各种直升机的模型。为了实现自己的梦想，他挖掘出自己最大的潜力，硬是一点一点地"积攒"直升机的门窗、机翼、机尾、螺旋桨和发动机等部件所需的钱。当然，到他买下价值160万美元的麦道600N型直升机时，他已是腰缠万贯的大富豪了。

在刘孟军的心中，一直有一幅他坐着属于自己的直升机在广阔的天空自由翱翔的蓝图。正是这幅蓝图，激励他不停地奋斗，才有了今天的成就。

画一幅赚钱的蓝图很重要，只是在画你赚钱蓝图之前，你应问问自己，你到底想要多少钱？很多事情都不可能用数字衡量，但财富却可以量化，可以清楚地衡量你到底拥有多少。无疑，钱的价值常常在变，金融风暴之前，如果你持有价值50万元人民币的印尼盾，金融风暴之后，印尼盾的金额没有改变，但汇价已经暴跌，你到底还可以兑换多少人民币？原来的汇价已经成历史陈迹，印尼盾基本成了废纸。

但是，虽然货币的价值会升会降，会有变动，但你可以按照情况调整实际的数目。无论追求任何目标，你都要订得明确清楚，要非常具体，你要问自己想要多少钱，明确地量化起来，作为指标，那才会产生动力，让你去采取行动获得它。

不要心气太高，也不要过分自卑，这个金额应要符合你的需要和欲望。你如果听说盖茨拥有上千亿美元的身家，你现在身无分文，却要想拥有3000亿美元，那是一个不切实际的想法。现实一点儿，但眼光可以放得远一些，就你目前情况，再加上想象力和欲望，才能订出一个切合实际的目标来。

当然，也不是说你不可以订出一个赚3000亿美元的目标，没有人可以限制你的能力，谁敢说你不是20年后中国诞生的"亚洲盖茨"？但你的目标一定是要你相信能够实现的。

假定你目前年薪8万元，现在你订立目标，要拥有200万元的积蓄，这样，财富的目标就很具体了。"200万元"，把这个数目写下来，最好用一张精美的纸印下来，收藏在日记本内或是装在画框上，经常对着这个数目，让你有获得这个数目的念头，融入你的潜意识，让你百分之百相信，你可以获得这样一笔财富。

这并不是无知的自我催眠，而是令自己的潜意识酝酿力量，使目标并不单纯是梦想，而是一个有行动支持的目标，把财富的数目写下来，深深印在心上，你的思想就会动，为获得这笔钱开始动脑筋，发挥无限创意，展现无穷的想象力。

当思想的力度足够强劲时，你就开始会问："你凭什么去获得这200万元？"如果你还留在目前的工作岗位上，你做一生一世也赚不到200万元，所以，你要能够运用想象力，首先去盘点一下自己的条件，你的条件也就是获得这200万元的条件，你要做些什么才能达到这个目的？

你可能考虑需要换工作或者自立门户，如果条件还不充分，你要去进修，去学习，增加自己的条件。例如，如果你是电视台的演员，在电视台工作年薪8万元，但你要有200万元的积蓄，你可以有两种考虑。一是在电视台努力工作，改进自己的演艺才华，加强自己的形象，使自己受欢迎，吸引更多观众，增加自己的讨价还价能力，让公司加你薪水，要高到可以在可见的未来赚上200万元。另一条路，就是自己在外面发展，拍摄电影，当个体户，接外面的工作，你可以比较衡量以前的人怎样做的，各有什么好处，有多少个人可以在电视台赚取极高的薪酬，而拍摄一部电影当主角，一部片可以有数百万薪酬的，虽然不是很多，但也绝不是罕见。

所以，你可能会决定离开电视台而到外面发展。但是，你还是要衡量自己目前的条件如何，如果你的条件还未成熟，却走了出来，可能什么都得不到，你或许需要先有更强的知名度及提高自己受欢迎的程度。因此，最明智的做法，可能是继续留在电视台二三年，甚至4年，尽量抓住表现自己的机会，然后才能"起飞"。

这只是一般的想法，但当你处身于其中，当你真的已经有想赚取200万元的强烈欲望时，那么，在你脑中的思想空间就更加广阔，甚至远远超过其他人能想象的。有些新的意念，可能你以前根本没有想过，但当你要赚这200万元时，它就会爆发出来，这都是那200万元目标的力量。

计划不能空是计划，还需要订好一个完成日期，一定要在这个日期之前完成，赚到那200万元，这样才会有推动力。例如，依上面的例子，你可能要花3年留在电视台内，然后在外面闯荡1年，一共4年时间，便可以积蓄到这200万元。

你要留给自己足够的时间去做，你不能说，明天我就要拥有这200万元。有些工作是办得到的，但并不是全部工作都可以，例如，你以几亿元去炒外汇，确有机会一夜之间赚200万元（那还要看看时势），但做演员要一夜赚200万元，却是异想天开。所以，不单金额要能令自己信服，时间长短亦要让自己信服，才能见效，自己都不相信，就不可能产生推动作用。

财富可以量化，你要多少，就决定要赚多。另外，在你赚钱的蓝图中，有几个问题值得你注意，以下将分而述之。

1. 明确目标

要实现人生目标，首先一定要有清楚明确的目标。人生就好像是携带着一张地图，地图显示天大地大，但你的身心只有一副，你若处处都想去，你就哪里都去不了，原地踏步。你的时间有限，只有短短的数十年，因此，你要在早年便订好明确清楚的目标，在地图上标出一个地点，那就是你想去的地方。

在这个地图上，你要知道自己往何处去，不单要知道自己往何处去，而且要有往该处去的冲动，一种强烈的欲望。

如果仅是想一想，是不能形成欲望的。欲望是一股很强很强的冲动，你要顺着这股冲动去做才会觉得安心，否则就很困扰甚至烦恼。

让我们来看看下面这个小故事：

有一天，在你下楼上班的电梯里，遇见了一位使你眼睛发亮的一位漂亮女孩。你被她深深地吸引了，怦然心动，一刹那间，你很想和她相识结交，但如果你现在就采取行动，逗她说话或是递上自己的名片之类，似乎都显得操之过急。

所以你没有作声，只是偷偷望她，只看一眼也觉得高兴。走出电梯后，你故意放慢脚步，让她走在前面，你跟在她的身后，看着她走路时的样子，好像一举手一投足都充满了美感。你一路跟着她……

这一天，迟到的你无法专心工作，她的倩影在你脑海中不断出现。好不容易等到下班了，你又急忙赶到车站，公司那些同事原本叫你去喝啤酒，平时你一定应承，现在却立即推掉，希望可以及时见到那个令自己神魂颠倒的美人。

但等了两个小时，都没有见到她的踪影，你心情非常失落。

"大概她并没有在下班后立即搭车回家。"你想。然后，原本神采奕奕的步伐，现在却变得有气无力。回到自己居住的楼下，你无精打采地找张椅子坐下来，看着一个个下班的人。天已经入黑，你怀着最后的希望，期待玉人在这时候出现。

她的倩影一直在缠绕着你，令你有点困扰。坐了半个小时之后，你眼前突然一亮，因为你等了很久的美人终于出现了。

这一夜，你睡得很不安宁，只想着那个令你触电的女孩。她的相貌、体态、神情和一举手一投足，都令你印象深刻。第二天下班时，你又依照昨天的方式去等她。结果，这几天内，你所有的工余时间都在等佳人。

终于有一天，你鼓起勇气说："嗨，真巧啊。"她听了便忍不住笑出来。

就这样，你们认识了，但还没有深交。这令你天天都开开心心地起床上班，也开开心心下班。真巧真巧真巧啊，她当然不会天真地以为真有那么多碰巧，你如果没有等她的意图，就不可能早也真巧晚也真巧，你是付出很多时间去等她，她绝对清楚。

你已经不满足于只是早晚和梦中情人谈谈一两句话而已，于是你的脑筋便开始转动，要想一些理由去和她有进一步的沟通，有多一些的交往。你翻查报刊，寻找所有文娱康乐的活动信息，看看有哪些可以作为谈资，引起她的兴趣。你已经不满足于除了说"早上好"和"拜拜"以外便只是闲聊几句。

因此，你找了一个早晨又"真巧"地和她相遇，然后，你和她开始交谈，并假装有意无意地探问她喜欢什么活动，有什么嗜好，但又怕问得太过明显。无疑，既然是一个女孩子，她也会很敏感地察觉得到你的意图，她谈了一些她的喜好。你们这次谈得很机，比以前谈得要深入一些。

你知道她喜欢舞蹈，于是，找到有关拉丁舞表演的活动，买了两张票。然后又拣了一个早上，告诉她你的朋友买了两张这类门票，但却临时没有时间，所以送给了你，问她有没有时间一起看。这是最老土最没有创意的借口，但她并没有当面说穿，反而接受了。

就这样，你们开始了第一次的约会。以后，你愈来愈关心她。交往愈深，她带给你的喜悦就愈大，她在你的生命中占有的非常重要的位置。

这时，你口袋里的钱也许开始紧张了。于是，你努力地工作。你努力工作赚钱的主要动力之一，就是要存钱，准备将来和她结婚，组织小家庭，也要让她觉得你有上进心，使她相信你可靠。你重视她的每一方面，留意她的开心与忧愁，要分担她的烦恼，分享她的喜悦。

为了她，你的思想、生活和工作，都发生了重大的改变，为了将来，你原本晚上只是浑浑噩噩过日子的，现在却去进修。她鼓励你去读书，考取专业，你真的行动了。在其他剩余时间，你除了学习之外，大部分时间都是和她在一起，她介绍你给她的朋友，你也把她带回家见自己的家人，又在同事的社交活动中，带她亮相，因她而感到自豪。

你以和她结婚为目标，要和她一起组织小家庭，要下半生相厮守。

这是一个爱情故事，如果你的赚钱目标好像去追求一个令你心动的女孩一样，你的头脑就会自然地运作，令自己去计划，去思考，去发挥创造，去努力，去付出代价而不必勉强自己，百分百心甘情愿。如果你没有一个明确特定的爱情对象，你就不会有这些恒心和毅力，你不会天天去等人家上班、下班，更不会为了她而改变。

所以，单单是目标明确，已经具有很强的原动力，令你采取行动，你的生命使自然发生变化。若没有明确的目标，则一切努力都可能白费，因为没有准绳衡量自己行为的对错，也不能判断成绩，而且缺乏动力。

2. 计划周详

有了明确的赚钱目标之后，跟着就要订立行动的计划。

你如果想前往北京，北京就是你的目标，但前去北京，到底要使用什么方法，按什么路线去走，那就要进一步研究。如果选择坐飞机去北京，不同航空公司可能有不同的路线，有些是直航，但也有些要中途转机，收费亦各有不同，就算是同一班飞机内，也有经济舱和商务舱之分。所以，你要根据自己的情况去决定计划，如果你有急事，而且自己的经济能力又愿意承担的话，那就选择直航班机。如果你想节省一些，而且又不是那样赶时间，便可以选择中途转机的。若你想在中途可以下机去游玩，那在购买机票订行程时，你就要顾及这方面。

另外，你还要决定哪一天出发，和什么人一同前去，计划要花多少天进行这段旅程，预算开支多少等。稳重一些的，事前会购买旅游保险，以防万一。在离家的时候，如果家中没有人，可能会引贼入室，所以要找邻里关照一下，把送来的报纸杂志代收起来，并代取信箱的信件等。

出门旅行也要做好计划，更何况是订立赚钱目标，为达到这个目标，更要订好周详的计划。有了计划才能知道自己怎样做，有计划的目标才是真正的目标，没有计划的目标只是一个期望而已。目标是一个向前迈进的指标，期望只是空谈，依然故我。

你的赚钱目标是什么？订好目标之后，就要问自己："我要怎样才能达到目标？"这是一个技术的问题，是要有具体执行的步骤，要顾及一些细节。一个好的计划必然不能浮夸，一定要有实用性和可行性，持有这个计划的人，才可以按照计划一步一步地做，才能愈来愈接近他们的目标。

可行性是计划的重点。所以，政府推行某些重要的工程或措施时，会聘请顾问公司进行研究，并提交可行性研究的报告。目标可能很理想，但却未必办得到，未必行得通。例如，目前地球的塑料垃圾污染严重，不知道如何处理，你可以建议把塑料垃圾全部送出太空，干手净脚。这个目标很好，但是不是可行，成本要多少，一架宇宙飞船可以运多少塑料垃圾，每天要运多少次，每次运送又要多少事前预备工夫，算一算数，就知道这绝对不可行。

所以，赚钱计划必然要有高度可行性，而计划和目标之间又能挂钩，那才能确保在适当的时间内达到目标。

现在，准备好一张纸和一支笔，问自己一个简单的问题。然后在纸上写下最先出现在你脑海中的答案。

问题：你想要多少钱？

答案：——

如果猜得没错，答案纸上还是一片空白。这个问题很简单，只有六个字，每个人都明白它的意思。当你看到这个问题的时候，思维起了什么样的变化？却找不到一个适合的数字。

混沌不清是许多人的通病，大多数人不清楚自己究竟想要多少钱，对自己的财富没有明确的数字概念，这正是大多数人无法致富的原因。

当然，大多数人对贫穷不满。这种模糊笼统的不满，并不清楚自己想要多少钱。

一位哲学家说过，混沌的思想导致混沌的人生。这可不是每个人希望的生活，你必须马上结束浑浑噩噩的日子。所以，你想实现愿望，就必须先明白自己的赚钱欲望是什么，然后你就不会再叹气，不会再哭穷。

或许，你希望自己身在豪华别墅，希望从事的工作既体面又高薪，希望拥有比目前更多的金钱。这些希望模糊而笼统，无法形成明确的思维。

如果一个精灵突然出现在你的面前，对你说："把你想买的东西列成一张表，让它们一一实现。"你知道如何完成这张愿望表吗？

一个人曾说："我很希望得到某种东西，但是我没有钱！"你是否也有过这种感觉？如果答案是肯定的，你可一点儿也不寂寞，世界上有上百万人与你有相同的感觉。

如果你明确知道自己欲望的内容，下面将告诉你如何得到它。你必须明白一点，潜意识不接受含混笼统的思维，你的欲望必须简单明确。

梦想也必须明确。不可以说"赚很多钱",而应想"月收入×万";不可以说"要个好工作",而是"担任总经理";不可以说"欢乐假期",而是"欧洲一月游";不可以说"一辆好车",而是"一辆全新款名牌跑车"。

下面就列出你明确的梦想:

一幢价值(＿＿＿)万元的别墅;

(＿＿＿)款式的跑车;

(＿＿＿)万元的音响设备;

年收入(＿＿＿)万元;

获取(＿＿＿)奖励。

以上这些梦想,不论是否能实现,不论是否合理,都要以幽默的态度去对待它。

要设计和实施愿望时,不要自我设限。许多人一生小心谨慎,事事退缩不前,终至一事无成。要成全自己的愿望必须要有足够的勇气,而不是谨慎。切记,莫让消极心态涌现在你的心头。假设你心目中实际希望年薪有15万元,然而,几分钟前,你想还是谦虚点好,于是,只写下年薪10万元。现在,马上更正,写下你心中真正想要的数字——年收入15万元。或许这个愿望难以实现,但你却必须抛弃自我设限的包袱。记住,人因梦想而伟大。

3. 实现目标十二步

以下所谈的就是证明有效的成功的方法,它借着12个步骤来设定目标,并且达到目标。

第一个步骤:培养热切的欲望。你赚钱的欲望越高,你就越想要赚钱,你成功的可能性就越高,热切的欲望是促使你往前走,克服一切困难和沮丧以及失败和阻力的主要的驱动力,这个欲望应该是个人的欲望,每当我们谈到设定目标,不管这个目标是什么,这个目标必须是你的目标,是能够激励你自己,而不是别人要求你变成什么样子,你必须对自己完全的诚实,问你自己你要的是什么,完全自私地设定自己的目标。

第二个步骤:建立你的信念。你的外在世界其实就是你内在世界的一种反射,而你内在世界是由你的信念、你所相信的事情所构成的。另一个是信仰,这是指在你内心上的信仰,你最有信心的是什么。还有一个是坚信,你必须认定你可以完成你的目标，你必须是毫无保留的，相信你可能得到它。因此，你最好由设定一个小目标开始，去完成这个目标，再设定一个大一点儿的目标来完成它。并且，以此类推，如此，你可以相信，你是可以达到你所设定的目标的。

第三个步骤：写下来，也就是用白纸黑字将目标写下来。唯有将目标写下来，你才能将目标详细的内容规划出来，同时当你把目标写下来的时候，你就把这个目标具体地呈现在自己面前，这个时候，你的潜意识就会突然觉醒说："唉，这回是玩真的了。"你就不能逃避自己对目标的承诺，因为你要追求成功。实在没有什么选择的余地。所以你必须要将目标写下来，并明确具体地呈现在你面前，百分之百地承诺自己会达到目标。

第四个步骤：问自己一个问题，你为什么要这么做？这个问题可以回答两件事。第一就是这个问题使你确定这是你自己的目标，而不是别人的。第二，这个问题会增强你达到目标的欲望就会越强，你就越能够达到这个目标。

第五个步骤：分析你现在的位置，分析你的起始点。这一点是非常重要的。因为唯有知道自己从何处开始，你才知道下一步应该如何走。所谓分析你的起始点是指，找出自己的长处，分析个人最强和最弱的地方分别是什么，规划出你最需要学习的是什么。大部分的人在设定目标的时候，常常会犯下一个常见的错误，他们很快着手于设定自己的目标，但是却没有先仔细地检查一下，它们是不是有一个良好的基础在支撑着。

第六个步骤：设定一个期限。一个没有期限的目标不能算作是一个目标。假如你设定了一个1年的目标，你就应该再分别设定12个月的目标，4个每季度的目标，两个半年的目标。同时设定一个奖励自己的办法，以增强你的欲望，激起你热切的心愿。

第七个步骤：确认你要克服的障碍。其实障碍就是成功，成功的意识就是障碍，没有一件成功不是由障碍拦阻所成就的，在你往自己的目标前进的时候，你所遇见的每一障碍，都是来帮助你达到你的目标。所以要先确认你的障碍，将它们列出来，并写下来；其次，对你面前的障碍，设定重要性优先顺序，找出哪一事影响最大，发觉在通往成功路途中的大石块，然后要全神贯注地解决它们。

第八个步骤：确认你所需要的知识。我们居住在一个以知识为基础的社会当中，不管你设定了什么目标，你想要完成它，你必定需要有更多的知识来达成它。你需要自我成长，需要不断的阅读、学习，吸收新的资讯来达成你的目标。首先要确认，你需要什么样的知识；其次，为你的知识设定优先顺序。另外，要借着询问来达到你的成功，询问他人是你生活中成功的关键。

第九个步骤：问自己并且确认谁是你的客户。你我都有客户，我们都是在追求客户满足感的事业当中，而凡是为了要协助你达到你的目标的人，都是你要满足的客户。因为补偿定律或称为播种收割定律告诉我们你所获得的常常是多于你所付出的。所以，如果你认真地好好播种，你的收成会比你播种的多出许多。另外，服务定律是说：不管你的客户是谁，你的回收永远相等于你所提供的服务。所以，假如你要提高你的回收，你必须要提高你提供服务的价值。还有回收定律，只要你在提供服务上多下功夫，你的回收一定会增加。以及倍增补偿定律，它是说：永远做多于你所当做的，永远多走一里路。

第十个步骤：制订一个计划，并且不断地更新这个计划。所有的成功人士都是一个成功的计划者。计划就是建立各种活动的一览表，再将这个活动一览表，按照重要性的优先顺序，跟时间先后重新排列一次，什么是你首先应该做的，其次做什么，什么是最重要的，什么是次要的。而后，你采取行动，依照你的计划行动，再不断地更新你的计划。

第十一个步骤：视觉化。视觉化比前面十项加起来都还要重要。视觉化是将你所期待的目标，建立一个清楚的心中景象，并且想象它的结果，印出你的心中景象，由你已经达到目标的样式来看你自己。在你心中的银幕上，不断地放映出这个你认为已经达成的景象，一直等到你觉得自己已经非常清楚地知道这个样式，尽你一切可能建立这个心底景象。而后呢，不停地想到这个景象，不断地想象你的目标，已经被实现的样式。不断地重复，一直等到这个景象深深地印在你潜意识当中。

第十二个步骤：你坚定的决心支持着你的计划。你成功的关键在于你比其他人坚持更久的能力。当你周围每件事情都是支离破碎，你也想逃避的时候，坚定持久的态度是你唯一的选择。坚持就显出它的价值。英国前首相丘吉尔在一间有名的学校演讲的时候，被要求简短地陈述他成功的主要原因。

他说：我可以用七个字来形容，自己生命中成功的理由是什么，那就是"决不，决不能放弃"。最后，坚持的态度是决定你成功必备的特质，或者可以这么讲，你坚持的态度是衡量你相信自己程度的指标。每一次在逆境当中，坚持你的态度的时候，你相信自己的程度就会越升高，一直到你毫无拦阻地往前直冲，走到成功的彼岸。

要善于把握机会

机会是一把飘忽在空中的油壶，当她的壶把儿对准你时，你若不能迅速地抓住她，那么她将会转过身子——此时，你要抓住她圆滑溜光的壶身就困难了。但如果你还不懂用双手抱住她，那么她就会"啪"的一声，掉在地上成为无法复原的碎片。

抗战时期，扬子江上出现了一件轰动国际的英国潘尼舰被日机轰炸事件。事后风头最健的当推诺曼·亚利。他是美国环球电影公司的摄影记者，在"潘尼号"突然被日机扫射的时候，虽然舰上同时还有其他摄影记者，但此时他们都惊慌失措，只有诺曼矫捷、勇敢异常。他跳入舱面，举起他随时准备拍摄的摄像机，朝着正向"潘尼号"投弹的日机拍摄。他说："我当时只有两件事摆在心上，一是避开日机的子弹；一是要把我的摄像机保持转动。"但他当时并没能完全躲开日机的子弹，一块碎片伤了他的脚和一根指头，而他却始终没有停止拍摄。他决不放过这一生难得的机会，一卷拍完了，又换上新片，全部过程，他拍摄了1500米胶片。到达安全地后，他立即为全部片子买了32.5万美元的保险，坐飞机回到美国把片子交给公司，领到公司给他的一大笔奖金，另外还被邀到各地演讲和写文章，描述这次亲临其境的经过，获得无数利益。

电影漫画《米老鼠》的作者迪士尼，也是其中一例。他本是"鬼子奥斯华德"（即米老鼠出现以前最负盛名的电影）的作者的助手。后来他被解雇了，失业无聊之余，他自己便另画一套，创造了《米老鼠》片中的主角，第一部画好了，无人过问。他又开始画第二部。在即将画完的时候，有声电影的狂潮拥至,使许多片商破产。但迪士尼能善用这种突变,他马上将他的漫画配上声音,第一次在百老汇的小剧院上映,立即轰动全场,《米老鼠》由此而声誉鹊起。没几年,迪士尼就成了百万富翁。

还有一例说的是这样一个故事,美国纽约的《世界日报》,有一天体育栏内因为缺一段稿,该栏体育编辑想来想去找不出题材,便叫在体育栏常画漫画的美术人员给他画一张漫画。当时月薪仅数十元的年轻美术员便奉命,把他脑中藏了许久的那些人间怪趣的新闻,用漫画的形式画了几段出来,题名为《信不信由你》。此后,他竟然由此成名,这就是李伯兰最初写《信不信由你》的故事。后来,他在全世界几百家报纸开了《信不信由你》漫画专栏,拥有几百万美元的财富。

上面关于机会的小故事,并没有人纯属是撞大运,而是当机遇来临时,成功者已经有了充分的准备,似乎是时刻准备着这一瞬间的到来。因此当机会来临时,他就会一把抓住它。

想一想在人的一生中会遇到多少次机遇呢?著名导演张艺谋拍《一地鸡毛》,去重庆看外景时,他突然有一种没有太大把握的感觉,就在彷徨之中,坐在旅馆翻看杂志,发现了小说《万家诉讼》,感觉挺有意思,迅速捕捉到这个偶然的一得,而由此诞生了被评论家认为是具有里程碑意义的《秋菊打官司》的影片。

机遇的外表往往不被人们注意,要你获得时才慢慢发现它的伟大效果。也许曾有许多机遇经过你身边,但你因为太忙,便不加注意地让它走过了,而失去了对你一生将有重大意义的变化。

人生是这样,作为人生重要部分的赚钱也是这样。只有能善于抓住机遇的人,他赚的钱才能更多。

《米老鼠》的作者迪士尼,他作为一个画画的而被人解雇,可想他在画画这个职业生涯中受挫不小,然而他并没有泄气,仍是顺着自己的这个职业之路继续努力,终于抓住了有声电影出现的时机,一举成名,扩展了自己的事业，成功地实现了自己的致富梦想。

诺曼·亚利也是如此，如果他不勇敢地抓住机遇，冒着敌机的轰炸临危拍摄，很可能仍是个普普通通的摄影记者，也不会成为世人瞩目的名人和大记者。

而我们前文中所说到的拥有私人飞机的刘孟军，他之所以成功，也缘于对机会的迅速把握。他从事过贩卖水果、开出租车、汽修厂和铝材厂的行业，每一次进入都捕捉到了行业的"黄金时期"，才使他一步一步地走向富豪之列。

创意就是身边的点金石

有一个人苦苦追求财富，后来得到一个先知的指引：在遥远东方的海边上，有一种点金石，它是一块小小的石子，它能将任何一种金属变成纯金。先知向他解释说，点金石就在海边的沙滩上，和成千上万的与它看起来一模一样的小石子混在一起，但秘密就在于：真正的点金石摸上去很温暖，而普通的石子摸上去是冰凉的。

于是，这个人变卖了他为数不多的财产，买了一些简单的装备，经过长途跋涉终于到达海边，并在海边扎起帐篷，开始检验那些石子。

他知道，如果他捡起一块普通的石子并且它摸上去冰凉就将其扔在地上，他有可能几百次地捡拾起同一块石子。所以，当他摸着石子冰凉的时候，他就将它扔进大海里。他这样干了一整天，却没有捡到一块是点金石。然后他又同样地干了二天、三天、一个星期、一个月、一年、三年，但是他还是没有找到点金石。然而令人钦佩的是，他坚持不懈继续这样干下去，捡起一块石子，是凉的，将它扔进海里，又去捡起另一颗，还是凉的，再把它扔进海里，又捡起一颗……

有一天傍晚，他捡起了一块石子，他把它随手就扔进了海里，当这块石子在海面溅起水花、然后迅速沉没在深海里时，他才发觉手中尚留下的余温——原来那块石子是温暖的……

他已经形成了一种习惯，把他捡到的所有石子都扔进海里。他已经如此习惯于做扔石子的动作，以至于当他真正想要的那一颗石子捡到时，他也还是将它扔进了海里……

其实，在现实生活中，有多少人也同样已经捡起过这颗"点金石"，触摸到了这种巨大的力量却没有认出它？有多少次这种巨大的力量就握在你手中，而你却把它习惯性地扔掉了，仅仅因为你没有认出它？有多少次你目睹别人运用这种巨大的力量在你面前得到展现？然而，你却没有看到它，没看到它可能带给你的种种益处，没看到它无所不能、可以创造奇迹的影响。他可能是发生在你身边一个稍纵即逝的创意闪现。例如，当人们开始关注开源节流的时候，更多的老板只会空等良策的出现。而聪明的老板则将目光投向了产品所需原材料的产地，从中找出修正产品生产的低消耗方案，还可对原材料作进一步了解，通过不增加成本，且能提高产品质量或改良的准确资料。这样一来，在同类产品中，因为这种新产品价格便宜又有新创意，消费者自然喜欢，企业也达到了取利于源的目的。

成千上万的人穷其一生在和生活做游戏。在生活的每个转折点上，他们都以为会有一场战争，而情况往往最终也确实是这样。他们预计会有敌人而他们确实遇到了敌人。他们预计困难会接踵而至，而事情也恰好就是这样。对许多没有能够认识到这种巨大力量的人来说，事情过去是这样，将来也会是这样。成千上万的人继续过着平淡、普通、痛苦的生活，因为这种巨大的力量从他们身边悄悄溜走了，他们就再也抓不住它了。

许多人在生命不断前行的时候，可能会一次又一次地身处于逆境中。他可能会陷入一系列的困难中，他可能不得不和这样那样的麻烦抗争。不久他便形成了这样一种生活态度：人生是艰难的，人生就是战斗，生活所发的牌总是跟我过不去……他就想：既然这样，做这样那样的事情有什么用呢？我不可能成为赢家。他就会灰心丧气，认准无论自己怎么做，都不会有什么好结果。

于是，千百万的人都在抱怨他们命运不济，他们厌倦生活以及周围这个世界的游戏规则。但他们却没有意识到：巨大的改变常常就伪装在那些看似平常的事情之中。

即使九千九百九十九块石头是冰冷的，我们也要用心去感受下一块——因为，下一块可能就是点金石！

第二章　他人的经验可以创造自己的财富

赚钱有捷径吗？没有。

但向有钱人学习，不失为一个行之有效的好方法。天上没有馅饼掉下来，有钱绝对不是偶然的。通过学习有钱人的一些共同特性，有助于我们迅速改变自己和提升自己，以便早日跨入有钱人的行列。

嗅觉敏锐才能发现财富

我国的每一座城市里，都挂有成千上万的广告招牌。这些招牌由于暴露在外，日晒雨淋、风吹霜打之后，不是锈迹斑斑，就是缺笔少画。这种现象在全国都存在，在人们眼里显得很"正常"。

在深圳打工的湖南桃江县的龙某却从这种"正常"的现象里嗅出了金钱的气味。他先是跑了几家广告装潢公司，假称是某酒店的后勤人员，想请装潢公司补一个字，但这些公司谁都不愿意去，愿意去的也把价格开得跟做一个新招牌不相上下。然后，龙某又马不停蹄地找了15家广告招牌有残字的单位，假称自己是广告装潢公司的业务员，询问那些单位是否愿意把招牌修整好，这15家单位居然有9家一口答应。

月薪三四百元的龙某在掌握了上述情况后，毅然辞了职，凭一辆旧自行车和一台二手机，开始了广告招牌补字和翻新业务。

现在，龙某已在深圳、广州、东莞、中山和长沙成立了招牌清洗公司。公司配备了作业专用车，他自己也买了别墅及高级小轿车。

在经济迅速发展的社会，人们由于工作忙碌，对于身边事物的感受，逐渐变得迟钝了。

但是，对金钱敏锐的嗅觉并不是天生就有的，如何使自己做到这一点呢？这就需要不断地锻炼与培养，在实践中日积月累，为此，就要从以下几方面做起。

1. 多接触社会

利用闲暇，牺牲一点儿私人娱乐，到街上逛逛，看看时下的市民普遍喜爱什么，热衷什么活动。多与社会接触，随时改变自身的素质，参考社会需要，便能了解到更多的真实情况。

例如，某牌子的洗衣粉滞销，厂家首先会想到价钱是否较其他牌子高？或者其他牌子是否赠送礼物？如果不亲自走到店铺察看或指派精明的下属调查，就不会发现原来自己的产品被超级市场安排放在架子最高的位置，使中等身高的家庭主妇根本不能将之轻易取下，于是很多人干脆买其他差不多牌子的产品。如不亲自去看看，任凭厂家花多少钱和时间，问题也得不到真正解决。

事实上，许多产品滞销的因素不是出自产品本身的问题，而是由于被人忽略的原因。

甚至有时其滞销因素原本非常简单，或许只是因为本身送货经常延误客户的订购单所致。

2. 常逛市场

最吸引顾客的销售场所是超级市场，在超市可以免除对售货员的依赖。产品如能打入超级市场，等于有了一个良好的试验机会。

3. 常逛书店

书店藏有古今中外的书籍，刻画人类文明过去和未来；每一时期均有畅销的书籍，如20世纪60年代的爱情小说，80年代的科幻故事，将人们的思想倾向表现在书籍上。爱情小说畅销，表示人们的感情丰富，倾慕浪漫的事物。书中所写的事物，如主人翁赠予爱人的礼物、一句甜言蜜语和去旅游的地方，均是值得商人动脑筋的地方。生产书中人物喜爱的礼品，将美丽的文字印在书签上，可吸引不少年轻顾客。

大型的书店如同一座图书馆。经常逛书店，了解什么书最畅销、什么书最滞销和什么书七折八扣也乏人问津，便得知目前的社会风气如何。

切记别太沉迷某类书籍，以免着眼点偏失，要纵观所有时下的刊物，从客观的角度欣赏，借助于书店的售货员，征询目前什么书最畅销。

久而久之，你的思考能力自然会得到提高，商业意识也会更加敏锐。

4. 养成看报、杂志习惯，多上网

依靠广播媒介传送的资料，无疑既方便又直接，也省了许多时间。但是广播媒介的缺点是资料大都较粗略，也省略许多细节。

也许你认为，有很多细节是无关重要的，也无须占大量时间深入研究，其实这是一种轻率的做法。

相比之下，报纸则要好得多。每天，不少报刊有经济行情，且图文并茂地解释股市的起跌原因、现状和前景；最重要的，从中可以探求其他公司的股票或社会状况，是否会影响股市行情，从而做出预测和预防。

在报纸中可以得知投资者对哪方面最具信心，从中亦可受到启发。例如房地产股上升，楼宇愈盖愈多，必定需要更多的建筑材料，装修工人也就更抢手；一切与该股票性质有关联的物资，也将有更大的发展。

相反的，例如某传播媒介的股票稍跌，足以影响其广告客户，所谓牵一发而动全身，因此不可掉以轻心。

当然，看报不能成为取得社会信息的唯一方法，但却是不可缺少的途径。而且最好看两份以上，太依赖某些固定的资料，是件危险的事。

畅销刊物能敏感地反映出社会的变化，因为杂志可引导各种流行的风气。某种类型杂志的畅销，象征某种产品受欢迎。例如，儿童卡通连环画受孩子欢迎，连带依据角色人物制成的玩具也会受注意。而武侠连环画的畅销，连带武侠小说的读者亦渐渐增多起来。

再如，妇女杂志出了一本又一本，其中所介绍的时装便会领导时尚潮流。

　　相反的，某些市场的起伏也能带领杂志的流行，如房地产市场旺盛，介绍室内设计的杂志也畅销起来；房地产回落，消费者也就不需要参考那类杂志。

　　报纸杂志对某一种产品、服务或行动加以推崇和渲染时，无形中做了推广的工作。如20世纪80年代中期，报刊等传播媒介介绍中国丝绸之路，并用种种拍摄手法，突出丝绸之路的特质，使人萌发思古之幽情，不少青年人纷纷结队前往旅行。

　　这一现象，又造成背囊、丝绸之路介绍指南等书籍及用品的畅销；不少丝绸之路探险的旅行团也乘时而兴。

　　每一时期都有一种特别的风气，只要加以留意，不难从中获得做生意的灵感。如20世纪80年代起，相继兴起电子游戏机、保龄球和看录像带的热潮。在那个时期，商人一窝蜂地开设游戏厅、保龄球馆、台球厅和影视中心；随着潮流过去，商人亦很容易将店铺改头换面，关键在于能否掌握消费者的最新动态。

　　可以说，报纸与杂志是把握消费动态最好的媒介之一。

　　另外，上网也是了解信息的一个非常重要的渠道，网上强大的搜索引擎可以让你对一个新生事物有一个全面的了解。

　　5. 朋友不怕多

　　在今天这个信息爆炸的时代，过分依赖于文字资料会造成盲目接受信息的情况，也往往产生对事物先入为主的观念，使得结果与事实有一定差距。文字资料包括书本、杂志、传单和工作报告等，如未经进一步研究，盲目跟从是愚昧的行为。

　　所以增加信息的来源，除了通过大众传媒外，还要广交消息灵通的朋友，他们接触层面较广，是能提供最新的商业信息的人。

　　与此同时，你还应当发挥自己的聪明才智，增强自己大脑的思维能力。以下几种方法值得借鉴：

　　·平日多走动，留意周围所发生的事，开动脑筋解决别人的难题。但不必让当事人知道，将问题设身处地地想想便可以了。

　　·与身边的亲朋好友经常讨论问题。不同的人有不同思想，集中大家的思维，找出一个可遵循的正确方向。

·随时调整适应事物的"频率"，遇事不需大惊小怪，将自己的见闻增广，学会接受和理解前所未闻的事物。

·不断认识不同阶层的人，等于广布眼线，他们的意见和批评，也就等于消费者的意见，可使你清楚商品的优劣，不致使自己的商品落后于消费的需要。

·学会应酬，一个怕应酬的人不能成为成功的企业家。

不要小看每个活跃在商场的人，他们在商场逗留得愈久，就愈有价值，无论他们的成就多寡。

多方面接收信息，上至上流社会，下至市井之徒，均加以了解和结交，不断接受信息，便能不断地感受、接触更多事物，使自己的能力更细腻和敏锐起来。

强烈的信心是创造财富的基础

对自己有强烈的信心就是坚信自己必定可获得想要的成就。你想要什么，想自己变成什么，有什么样的目标，你相信自己的这些愿望都能够实现，这个"信"并不是嘴上说"我信"，而是一份从骨子里迸发出的坚韧且强烈的对自己的信任。

当你制定好一个你要赚多少钱的目标之后，如果你欠缺信心，你会经常问自己："我能不能办得到？"当你不相信自己办得到时，你的行动会把你的想法兑现，使你也相信自己无法办到，于是，你就真的办不到，即使你有目标，那也和没有目标没有什么分别。

"我相信，人生中没有解决不了的问题。"日本兴业银行前董事长中山素平曾说过这么一句话。中山素平在任何困难面前，总是非常自信地认为可以对付。他认为任何问题的发生都有原因，只要找准原因，就能找到适当的解决方法。正是基于强烈的自信，他解决了许多项日本经济界发生的危机。

一个人如果没有自信，即使他有冠绝古今的聪明才智，拥有再好的物质条件，也都是枉然。成功不会亲近一个毫无坚强意志和毫无信念诚心的鄙俗之辈。一个缺乏信心的人，永远只能望成功而兴叹。

当然，信心不是天生就有的，它需要时间，需要良好的方法来培养。

如果你心中有这样或那样的缺陷与弱点，你就可以给自己规定一个调整的计划，通过种种积极的方法，你就能够逐渐培养起坚定的信心。

比如，和朋友相互交谈时，你意识到了自己性格中有一种缺陷，一种弱点，这种弱点影响了你勇敢、大方、有魅力和有气魄地参与社会工作、进行交际活动以及开创事业。当你意识到这一点时，就要下决心改变它。这时候，你可以用语言来坚定自己的信心。

当你问自己有没有信心改变弱点时，如果你回答"有"，那么你对自己心理弱点的改变便有了一个良好的开始。这是一个心理奥妙，也是人生的一种经验。古人说："锲而不舍，金石可镂。"这句话充分表明要有一个坚定的信念，任何语言一经明确地说出来之后，它就能产生生出一定的作用，正所谓："情动于中而行于言，言之不足故嗟叹之，嗟叹之不足故歌咏之。"具体的语言文字和有声话语对人的情绪情感起着巨大的调节作用。

如果一个人要想改变自己，就得有自己坚定的誓言；要实现辉煌的成功，就少不了自己坚定的誓言；要成为一个强者，就必须大胆立下自己的誓言。没有必胜的誓言与信心，所有的构想都是可望而不可即的镜花水月。

所以，我们都应该坚信一点，自己能够塑造自己。千万不要有那种我这点不如人家、那点也不如人家的消极态度，我们应该有信心说自己能行。正如古人所说："黄河尚有澄清日，岂有人无得运时"，实践会表明，只要你肯干，你真的能行。

知道自己信心不足的原因，对症下药，补充扩展自己的经验和知识能力，尤其是提高综合能力与素质水平，是培养和训练自信心的关键。

以下几种方法，是培养信心的方法。

1. 给自己积极的心理暗示

成功学家希尔曾指出："信心是一种心理状态，可以用成功暗示法诱导出来。""对你的潜意识重复地灌输正面和肯定的语气,是发展自信心最快的方式。"

当我们将一些正面、自信的语言反复暗示和灌输给我们的大脑潜意识,这些正面的自信的语言就会在我们的潜意识中根植下来。

算命先生的"天庭饱满……此乃贵气,不管多大困难,都要坚持努力工作,将来肯定不是大富,就是大贵。"这种话虽然可笑,但这种积极肯定的语气的确能让人产生一种信心。

我们都可以给自己"算命",给自己一些积极肯定的语气,并不断加以重复暗示,比如,"靠着命运给我的力量,我凡事都能做;我一定会成功,我一定会赚100万元,只要我永远努力。"

把"我要……""我能……"等这些字句写在纸条上。例如,"我要成为一名企业家,我能成为一名企业家!"贴在镜子上、贴在书桌上,天天念它几遍,对促进我们的自信一定会有帮助。

2. 从成功人士的传记中获取力量

经常阅读成功人物的传记和成功自励的书,最能帮助我们找到勇气和力量,从而增强我们的自信。大凡成功人物都曾经历过信心不足、迷茫和挫折等打击锤炼,也经过成功的滋润。他们的自信的建立最有启发意义。

阅读成功自励的书籍,更是运用许多例证,从各个角度分析成功的正确观念和态度以及一些获取成功的思维方式。这对我们增强自信也极有好处。如有条件,找一个有成功经验的人进行咨询,也是一种寻找力量的办法。

3. 常做自我分析

(1)分析超脱

当你感到自卑不如人和缺乏自信时,请多方面分析原因:家庭出身如何?从小到大的环境如何?受到的教育如何?是否缺乏亲友帮助?人生目标是什么?人生信念是什么?等等。这样便能找到缺乏自信的原因。每个人所处环境的条件不同,追求目标也会不同,通过分析就不会因某一时、某一方面不如人而失去信心。

将自己的人生放在一些大背景中去分析,更容易超脱。整个世界、整个人类历史、整个国家、整个社会等等大背景中，比你强的人有很多，但一定会有人比你处境更差。卡耐基引用一个故事说："当你担心没有鞋时，却有人没有脚。"从大背景进行分析，可以让我们从个人小圈子的局限中解脱出来，从自卑的情绪中超脱出来。超越了局限和自卑，你便能正确地肯定自己，从而树立自信心。

（2）列举成就

从小时候到现在为止，每个人都会有许许多多和大大小小的成功，把它们统统列举出来，哪怕是很小的成绩也不要放过。比如，考上中学，考上大学；某科成绩开始不怎么好，后来赶上去了；当了学生干部，获某项比赛的好名次；学会骑自行车、摩托车；某次做生意成功了；某次交友成功了……多花时间，仔细回顾，如数家珍一件件列举出来。望着这些成就，你可能会很惊讶，原来自己也有这么多成功。成功的体验会使人信心倍增。

（3）反比优势

选一个年龄相仿的成功者做反比对象，列出自己的特长、爱好和才能，比如，打球、跑步、绘画、写作、外语、下棋、唱歌、跳舞、演讲、交际、某种技艺、吃苦耐劳的特性、硬骨头的创业精神、机灵、幽默……从自己的优势中找出对方不如你的项目。看到成功者有不如你的地方，你的自信心就会增强。

总之，只要对信心的塑造方法有正确的了解，采取行动不断充实自己的知识，提高自己的能力，弥补自己的不足，增加成功的体验，我们就能增强我们的自信。任何一种精神上的进步或物质上的收获，都是增加自信心的滋补剂。

认准方向，坚定不移

充满传奇色彩的"石油巨子"洛克菲勒也同样经历过挫折的打击，如果他在一次失败之后决定放弃，那他就不会成为声名显赫的大富豪了。美国的史学家们对他坚韧不拔的品质给予很高的评价："洛克菲勒不是一个寻常的人，如果让一个普通人来承受如此尖刻、恶毒的舆论压力，他必然会相当消极，甚至崩溃瓦解，然而洛克菲勒却可以把这些外界的不利影响关在门外，依然全身心地投入他的垄断计划中，他不会因受挫而一蹶不振，在洛克菲勒的思想中不存在阻碍他实现理想的丝毫软弱。"借助一种平衡能力，一种无须夸口的自信，一种忍耐精神以及对事业永不气馁的精神，洛克菲勒把他的石油产品推销到世界各地，凡是有船抵达的港口，有火车到达的地方，有骆驼和大象走过的角落，都在洛克菲勒的垄断规划之中。

美国企业家米尔顿·皮特里东山再起的事例对企业家也很有启发。他靠自己多年的苦心经营，成为一家由20多个店组成的妇女服饰公司的老板。此后，由于出现了经济萧条，米尔顿的公司背上了沉重的债务，最终不得不宣布破产，但是米尔顿并没有因此而消沉。为了重振公司，米尔顿付出了巨大的代价，忍受了极大的痛苦，他甚至干过没有节假日的苦工，经过数十年艰苦的努力，米尔顿终于东山再起了。他现在已成为拥有1600多家商店和18000多名雇员的大企业家。

企业家赚钱的道路往往不是一帆风顺的，面对挫折和困难，企业家要以百折不挠的精神和坚韧不拔的意志在困境中创造生机和在风险中抓住机遇，这样才可能成为一个真正能担当大任的出色企业家。

企业家坚韧不拔的意志往往与顽强的进取心相生相伴，相辅相成。拿破仑·希尔告诉我们，进取心是一种极为少见的美德，它能使一个人摆脱被动的局面，主动去做应该做的事。西方一位名人说："这个世界愿对一件事情给予大奖，包括金钱与荣誉，那就是'进取心'。什么是进取心？那就是主动去做应该做的事情；仅次于主动去做的，就是当有人告诉你怎么做时，立刻去做；更差的人，只在被人从后面踢时，才会去做他应该做的事，这种人大半辈子都在辛苦工作，却又抱怨运气不佳；最后还有更糟的一种人，这种人根本不会去做他应该做的事，即使有人跑过来向他示范怎样做，并留下来陪着他做，他也不会去做。他大部分时间都在失业中，因此，易遭人轻视，除非他有位有钱的父亲。但如果是这样，命运之神也会拿着一根大木棍在街头拐角处，耐心地等待着。"

前文所提及的开招牌清洗公司的龙某，在短短的4年创业中也遭受过几次挫折，其中最大的挫折是2002年7月，一个部下竟卷走了他几十万的流动资金，以致整个公司人心涣散，差点倒闭。但他最终还是四处筹借，身体力行地与员工同甘共苦，最终挺过难关，再创辉煌。

经营之道就是驭人克己

你如果想建立一份属于自己的事业，需要有多方面的经营能力，比如，决策判断能力、组织协调能力、领导实施能力、承担风险能力和知人善任能力，等等。其中，决策判断能力和知人善任能力最为重要。毛泽东曾经说过："领导者的责任，归结起来，主要的是出主意、用干部两件事。"出主意指的是制定决策，用干部就是知人善任，如何用人。从一定意义上讲，一个企业家的经营过程其实就是制定决策并指挥员工实施的过程。

1. 决策是能力，不能靠运气

决策是人们确定未来的行动目标，并从两个以上的行动方案中选择一个合理方案的分析判断过程。国外有这样一名言：管理的重点在经营，经营的中心在决策。著名的美国经济管理学家、诺贝尔奖获得者西蒙也指出："决策是管理的核心；管理是由一系列决策组成的；管理就是决策。"

企业战略决策是影响企业全局和左右企业长远发展的重大经营活动，它的立足点是企业的现状，着眼点是企业的未来。企业战略决策一般包括企业发展计划、生产规模、投资方向、联合改组、重大科研与新产品开发方案、经营目标、经营方针、领导体制、人事与职工培训和生产技术的改进方案等，搞好战略决策是企业家的主要职责。

通俗一点儿说，就像是军队中统帅的职责。

古人说：帅凭谋，将凭勇。在实际战争中，将主要是听从主帅的指挥，有勇敢、冲锋陷阵和克敌制胜的本领，没有杀敌本领的不能称为将；而帅则大不相同，主帅要有眼观六路、耳听八方和指挥全局的才能，善于调兵遣将，在纵横交错的环境下，从全局出发决定舍、取、保，必要时牺牲局部以换取全局或最后的胜利。帅，也需要勇，但只有勇并不能完全克敌制胜，帅更需有谋。企业家犹如军中之帅，运筹帷幄决胜千里，居于企业战略决策的核心地位。

　　三国时期，刘备帮助刘璋抗击张鲁，稳定了西川的局势。然而，当他向刘璋借军马钱粮时，却受到刁难。于是，双方翻脸，形成公开的军事对抗。在这种形势下，如何行动？庞统为刘备献了上、中、下三策。上策：乘刘璋尚未防备时，选择精兵，昼夜兼程，直接袭取成都。中策：扬言要撤回荆州，诱出涪关守将杨怀和高沛，在他们送行的地方，将其擒拿斩杀，然后先取涪城，再取成都。下策：从西川退兵，退还白帝，连夜赶回荆州，日后再慢慢谋图进取。庞统的本意是主张刘备采取上策，以突袭的方式，速战速决。但是，刘备却选择了中策。如果单从军事的角度来看，上策更为有利，此时，刘备发兵，出其不意，直取成都，是胜利在握的事，取得了成都，就等于控制了蜀地的全局。然而，刘备从政治需要上着眼，认为上策过急，直取成都不利于建立他的政治威望；至于下策则过于迟缓，返回荆州，谋图进取，既劳师又费时，当然是刘备不愿采取的。所以，刘备选择了中策，先夺涪关，再打成都。庞统为刘备献策这件事说明：作为一名军事统帅，最重要的是眼力，是优选能力，是决策能力。当方案摆在面前时，究竟做何选择，这不能单从方案的自身来评定方案，应该从自己的目标和战略全局着眼。庞统可谓多谋，刘备堪称善断，两者的最佳组合，确定了良好的方案，取得了最理想的效果。

　　可见，企业家进行战略决策的特点就在于着眼全局、长远和关键的问题。企业家的战略眼光具体应该体现在：善于谋划大趋势，就是对国际大趋势有一个清醒的了解和认识，对国内经济环境和大政方针有一个清醒的理解和把握；对本行业的现状与未来有一个清醒的分析和预测；对企业走向成功有一个清晰的工作思路、战略目标和不断调整的方略。

战略型企业家就是着眼于"大"，抓大事。汉代刘向讲过一个杨朱与梁王谈论治理国家的故事，黄钟大吕之所以不能从事复杂奏乐，因为它的声音稀疏。同样，为将的掌管国家大事，不过问小事；立大功的人，不苛求小过，不求全责备，也是这个道理。宋太宗曾因做出让吕端做宰相的决策，一时引起文武百官议论纷纷。大家认为，吕端丢三落四，工作马虎。宋太宗为此做出解释，群臣心服口服。宋太宗说：每当我提出国家大事的对策时，只有吕端大事不糊涂，天下大事，顷刻而定；你们小事精明，但大事糊涂，不能解决国家大事，都不如吕端。杨朱和吕端就是两位典型的长于战略决策、善于抓大事的政治家。

做决策要靠能力，而不能靠运气；而决策能力本是禀赋和经验的积累。那些经常做出正确决策的高手，他们的禀赋与经验体现在哪里呢？企业管理专家们认为，成功的决策者有九大特质：

①对于混沌不明的状况，有极高的忍耐力。忍耐暧昧不清状况的能力，与决策能力关系密切。凡事井井有条和精心规划的人，通常是最糟糕的决策者。这些人在需要果断决策的关键时刻，总是觉得信息情报不足，而做不出决定。相反的，杰出的决策者极能忍受混沌不明的情况，不用白纸黑字规划好每一件事，只要抓住大架构，就能一步步地做决定。

②能够分清轻重缓急，排出优先顺序。成功的决策者能够忍受混乱不明的状况，也能够乱中有序，排出孰先孰后的顺序，也就是有明确的决策框架。而这明确的决策框架包括下列五项要素：有清楚的愿望，了解决策的深度，能看清决策对未来的影响，以决策抓住未来的机会；能看清事情的全貌，了解决策的广度，将自己从问题的中心抽离；能够自己做主，不需要等待别人的批准；能够独立思考，对自己的决策有信心；有坚定的内在价值，有所为和有所不为。

③善于倾听。今天的老板们，一天中有80%的时间是在开会和听讨论，

关键信息很容易被一个接一个的发言淹没掉。只有优秀的倾听者，才能一直保持注意力，不受各种表达方式的影响，随时抓住内容要害，找出决策的重点。

④能够取得大家对决定的支持。成功的决策者不但能做出得到大家支持的决定，并且会追踪大家支持的情况，不论任何决策，最重要的就是获得执行计划人的支持。如果得不到执行者的大力支持，不论决策是多么诱人，都必须放弃。

⑤不受传统思维的影响。习惯性思维是我们做出判断的捷径，在信息不足的情况下，可以发挥很大的效用。但是，呆板的思维也许会使我们错失许多新的信息情报而做出错误决策。我们在碰到不喜欢或是没有兴趣的情况，最容易用传统思维看待问题，也就最容易犯错。

⑥永远保持弹性。保持弹性包括三个重点：做决策要坚定果断，但决策的原则要有弹性；接受不完美的决策，因为几乎没有完美的决策；能够随时放弃决策，也就是要承认决策错误和愿意改变决定。

⑦能够同时采纳软性与硬性资料。出色的决策者能够在统计、报告、分析等硬性资料，与员工反应、消费者意见等软性资料中，取得平衡。

⑧能够看清事实，承认实际的代价与困难。

⑨不误入暗藏的决策地雷区。我们在决策的过程中，常会碰到危险的地雷区，比如某些假象，不小心掉落陷阱就会被炸得粉身碎骨。

2. 用人"12招"

用人要成功而有效，这是每个老板都想做到的。有12条用人的准则，想创业成大事的人不可不知：

第一，妒忌心强的人不能委以大任。

一般的人，难免都会妒忌别人，这也是一种正常的表现，因为有时候这种妒忌可以直接转化为前进的动力，所以不能说妒忌就一定是消极的。但是如果妒忌心太强了，就容易产生怨恨，觉得他人是自己前进的最大障碍，到了这种地步，往往就会做一些过激的事情，甚于愤而谋叛也毫不为奇。

俗话说："宰相肚里能撑船。"这种人气量太小，绝对不是一个好的领导者，因此不能委以重任。三国时的周瑜不能不说是一位帅才，可就是因为妒忌心太强而栽了跟头。

第二，目光远大的人可以共谋大事。

所谓有抱负的人也就是目光相当长远的人。不同的人有不同的眼光，有些人比较急功近利，往往只顾眼前利益，这种人目光短浅，虽然会暂时表现得相当出色，但是却缺少一种对未来的把握和规划能力，做事只停留在现在的水平上。

如果老板本身是目光远大的人，对自己的公司发展有一个明确的定位，并且需要助手，那么这种人倒是很好的选择，因为这类人最适合于被老板指挥运用，以发挥他的长处。

而一个能共谋大事的合作者则往往能在某些重大问题上提出卓有成效的见地，这样的人是老板的"宰相"和"谋士"，而不仅仅是助手，如果老板能找到这样的人，那么对事业的发展无疑是如虎添翼。

第三，前瞻后顾的人能担重任。

前瞻后顾的人往往思维比较缜密，能居安思危，能考虑到可能发生的各种情况和结果，而且很明白自己的所作所为；这种人往往也很有责任感，会自我反省，善于总结各种经验教训，他的工作一般是越做越好，因为他总能看到每一次工作中的不足，以便于日后改进。如此精益求精，成绩自然突出。虽然有时候这类人会表现得优柔寡断，但这正是一种负责的表现，所以作为一个老板，大可放心地把一些重任交给他。

第四，千万不要亲近性格急躁的人。

这种人往往受不了挫折，常常会因为一些细小的失败而暴跳如雷，自怨自艾。这样的人做事往往毫无计划，贸然采取行动，等到事情失败又怨天尤人，从不去想失败的原因，也很少能够成功。如果老板遇到这样的人，那么就该远离他，以免受到他的牵累而后悔。

第五，决不可以重用偏激的人。

过犹不及，太过偏激的人往往缺乏理智，容易冲动，也就容易把事情搞砸。这正如太偏食的人过于挑嘴，身体就不会健康一样，思想如果过于偏激，就不会成大事。他总是使事情走向某一个极端，等到受阻或失败，又走向另一个极端，这样永远也到达不了最佳状态。这正如理想和现实的关系，理想往往是瑰丽的，不断引发人们去追求，但是如果缺少对现实的依据，理想也只能是空中楼阁。

相反，如果满脑子考虑的都是琐碎的现实，那么终会被淹没在现实的海洋里而不能自拔，最终陷入迷茫之中，所以凡是要成大事，都要把二者结合起来，才能取得最佳效果。

第六，善于做大事的人一定能受到别人的尊敬。

一个协调的公司就像一支球队一样，有相互合作，也有明确的分工。有的人对于本职工作干得兢兢业业，不辞劳苦，但是老板却不能因此而把重大的任务交给他们，这是为什么呢？

这就是老板必须明白的：有些人只能做一些小事而不能期望他们做大事情。因为这些人往往偏重于某一技术长处，却缺乏一种统御全局的才能，所以决不能因为小事办得出色而把大事也交给他来做。善于做大事的人作风果断而犀利，安排各种工作游刃有余，能起到核心作用，也就必然受到人们的尊敬。善于做大事的人不一定能做小事，而小事做得出色的人也不一定能做大事，作为老板一定要明辨这两类人，让他们各司其职，分工协作，才能取得最大的效益。

第七，一定要耐心期待大器晚成的人。

有的人有些小聪明，往往能想出一些小点子把事情点缀得更完美，这类人看上去思维敏捷，反应灵敏，也的确讨人喜欢；但是也有另一些人，表面上看并不聪明，甚至有点傻的样子，却往往能大器晚成。

对于这类大智若愚的人，老板一定要有足够的耐心和信心，决不能由于一时的无为而冷落他甚至遗弃他，因为这类人往往能预测未来，注重追求长远的利益。既然是长远的利益，也就不是一朝一夕所能达到的。信任他并给予重任，不能让这类宝贵的人才流失。

第八，轻易就断定没有一点儿问题的人是极不牢靠的。

无论大事小事，一定存在着各种问题，做事情说到底也就是解决这样或那样问题。

如果一个人轻易就断定没有任何问题，这至少表明他对这件事看得还不够深入。这种草率作风是极不牢靠的一种表现。如果让他来做一些重大的事情，那得到的也只能是一些失望的结果，所以这种人不可轻易相信他，否则上当的只能是自己。

第九，切记有些小功劳的人并非都是同一种人。

老板也许会很重视一些为公司做出巨大成绩的人，而忽视一些只有小成绩的人。其实在这些人当中，也是有不同区别的。这其中的有些人的确是只能解决一些小问题，一旦碰到大问题，就会束手无策。但是另一部分人，他们做出的贡献看似比较小，然而实质上解决的问题都比较重要，如果这些小问题一旦变成大问题，那么就会对整个公司造成不可估量的损失。

所以这些人的功劳实际上并不小，而且这也说明这些人具有比较长远的眼光，做事情比较讲究策略，老板如果能把这些人从中挑选出来并委以大任的话，那么能得到意外的收获也说不定。

第十，拘泥于小节的人一般不会有什么大成就。

做任何事情，有得必有失，利益上有大也有小，要想取得一定的利益，必然要舍弃一部分小利，如果一个人总是在一些小节上争争吵吵，不愿放弃的话，那他就终难成大业。

就如做广告，很明显的一个事实，公司越大则广告也做得越大，现在很多跨国集团所创的世界名牌，都是长年累月广告效应的成果。有的公司一年的广告费就高达几个亿，但是他们的利润却比这高出好多倍。某种意义上，这种小节不拘得越多，所能获得的回报也就越多，所以说拘泥于小节的人很难成就大事业。

第十一，轻易许诺的人一般是不可靠的，万不可信任。

除非有十足的把握，否则一般人对任何事不可能许下重诺，因为事情的发展往往不以人们的意志为转移，各种无法预料的情况随时都有可能出现，所以一个负责任的人并不一定会常常许诺。相反，正是由于他的责任心，使他做了全面而系统的考虑，他才不会轻易许诺，这样的人才是可靠的，不要因为他们没有承诺而不委以重任，只要给予充分的信任，调动他们的积极性，事情多半就会成功。

而相反有一类人，随口就答应，表现得很自信，到头来却不能完成使命。而且这种人也常常为自己轻易打下的保票找出各种理由来推诿塞责，对于这种轻诺又寡信的人，千万不可信任。

第十二，说话很少但说的话很有分量的人定能担当大任。

口若悬河，滔滔不绝的人未必就是能担当大任的人，而且这种人常常并没有什么真才实能。他们只能通过口头的表演来取信别人，抬高自己。

真正有能力的人，只讲一些必要的言语，而且一开口就常常切中问题的要害。这种人往往谨慎小心，没有草率的作风，观察问题也比较深入细致，客观全面，做出的决定也实际可靠，获得的成果也就实实在在。所谓"真人不露相，露相非真人"讲的就是这个道理。

所以一个想赚钱的老板应该注意一些少言寡语的人，因为他们的声音往往最有参考价值。切不可被一些天花乱坠的言语所迷惑，这也是一个赚钱的老板所应该具有的鉴别力。

创造自己的观察与思考方法

几乎所有的大富豪，都有一套与众不同的观察与思考方法。他们之所以出类拔萃，离不开他们独特的观察与思考法。

1. 赚钱的捷径是良好的心态和独立思考

亿万富翁享利·福特说："思考是世上最艰苦的工作，所以很少有人愿意从事它。"

世界著名的成功学大师拿破仑·希尔曾著过《思考致富》一书。书中提出为什么是"思考"致富，而不是"努力工作"致富？最成功的人士强调，最努力工作的人最终绝不会富有。如果你想变富，你需要"思考"，独立思考而不是盲从他人。富人最大的一项资产就是他们的思考方式与别人不同。如果你做别人做过的事，你最终只会拥有别人拥有的东西。而对大部分人来说，他们拥有的只是平平淡淡的生活。

希尔强调：你必须培养积极的态度，应用这些成功的法则，影响、运用、控制及协调所有已知及未知的力量。你要能够为自己思考。

当你确实以积极的态度思考，自然会有所行动，完成你所有正当的目标。

（1）心态决定一切

很多人都自认为人生的某一方面是失败的。如果问他们为何没有成功，则每个人都会说出导致自己失败的悲惨故事：

"我根本没有机会升学。我的父亲供不起我。"

"我出生在大山沟，在那里我一辈子都翻不了身。"

"我只念过小学。"

这些人都会说，世界对他们不公平。他们把自己的失败归咎于外在的环境，一开始对自己的前途就持否定的态度。事实上，是消极的心态害了他们，而非外在的不利因素。

一个有趣的故事可以说明这个道理。故事发生在美国南方的某个州，当时一般家庭的壁炉，仍然靠烧木柴取暖。有一个伐木工人，两年来固定供应木柴给一户人家，但要求木柴的粗细不能太粗，否则就无法放进壁炉内。

有一次，主人向他订了一捆木柴，木柴运来后，主人发现大部分的木柴都太粗了，便要求伐木工人换货或代为劈柴，但却遭到对方的拒绝。

主人只好亲自动手劈柴。劈着劈着，他发现一段树枝上有一个特别大的洞，似乎是有人故意挖开的，而且这段树枝特别轻——里面好像是空的。主人把木柴劈开，发现当中藏着一卷用锡箔纸包住，面额为50美元和100美元的旧钞票，总共有2250美元。钞票非常破旧，可见藏在树洞里已经很多年了。他想要物归原主，于是立刻打电话问伐木工人，这批木柴的砍伐地点在哪儿。

"那是我的事，"伐木工人说，"傻瓜才会把秘密告诉别人。"

主人想尽办法，始终问不出伐木的地点。

故事的结局是：态度积极的主人得到了意外之财；消极的伐木工人则与财富擦肩而过。

积极的心态使你不断尝试，一直到获得想要的财富为止。然而，你可能积极地跨出第一步，却因为态度变得消极而功亏一篑。

奥斯卡毕业于麻省理工学院，操作勘探油井的设备得心应手；此外，他还自行设计组装了一套探测仪器，准确度非常高。

然而，奥斯卡所属的公司，因为总裁挪用公司现金炒作股票而破产。1929年经济大萧条，奥斯卡失业了，十分落魄潦倒，消极的心态开始大大地影响他。有一次，他去乘火车，可火车还要几个小时才进站，为了打发时间，他取出探测仪器，就地测试。仪器显示火车站的地底蕴藏丰富的石油。

奥斯卡由于失业的挫折，正受到消极的心态影响，"不可能有那么多石油，没有那么多石油！"他愤怒地咆哮着，那套仪器在他盛怒之下被踢翻而损坏了。梦寐以求的机会就在他的脚下，他却拒绝接受，从而失去了一次发财致富的好机会。

真正成功的人不会这么想，而能理性地激发创造力与生产力。

真正成功的人，为达到目的，会冒合理的风险。

每个人都有恐惧。恐惧是一种警示的情绪，警告我们审慎面对危险，让我们在做出决定及采取行动时，能够三思而后行。

美国总统罗斯福在就职演说中，对经济的不景气讲了一句话："除了恐惧以外，我们一无所惧。"

我们要控制，不要受制于恐惧。把它当成一种警告的信号，不让它干扰合理的信息，阻碍我们的决定和行动。

那么，该如何克服恐惧？最好的方法是直接问自己："我在怕什么？"不要逃避。通常我们害怕的只是阴影。

事实证明，带给人类痛苦和屈辱的，莫过于贫穷。唯有体验过它的人才理解它的内涵。

恐惧贫穷，没别的，就是一种心理状态！但它却足以毁掉一个人在任何工作中成功的机会。

这种恐惧会使理性功能陷于瘫痪，破坏想象能力，扼杀自恃，啃蚀热忱，挫败进取心，导致目标不定，助长延宕，抹除热心，并使人无法自制；它使人失去个性中的吸引力，破坏精确思考的可能性，转移工作的专注力；它会控制毅力，使意志力荡然无存，毁掉抱负，混淆记忆，并以各种可能的方式招来失败；它扼杀爱情且破坏心中优雅的情绪，阻挠友谊并引来各式各样的灾祸，导致失眠、悲惨与不幸，等等。尽管我们所居住的世界，其实是充斥着各种人们心中所欲获得之物，而且除了缺乏明确的目标以外，没有任何东西会横阻在我们与欲望之间。

贫穷和财富之间是没有折中物的！通往贫穷和财富的两条路，是背道而驰的。假如你想要财富，就必须拒绝接受任何导致贫穷的环境（此处使用的"财富"一词，是最广义的解释，它指的是经济、精神、心灵和物质的资产）。

那么，这里就是给你自己一个挑战的地方，这个挑战将清楚地测定出你对本哲学的了解程度。这也正是你可以成为先知，且准确预知未来为你储备了什么和关键。假如，读了本章后，你仍然愿意接受贫穷，你也可以决意如此去做。这是一个你无法避免的决定。

假如你要财富，那么决定好是何种财富以及需要多少才能满足你。你已经知道通往财富之路，你也已得到了一张路线图，如果你循着地图走，便不致迷路。假如你忽略起步或中途停止，那么该怪的，也只有你自己。

成为巨富的人总是保护自己避开对消极影响的易感性，而遭逢贫穷者则从没做到这点。任何行业中的成功者，必须使自己的心灵做好准备以抗拒这种灾祸。假如你是为了致富而读这本书，你就应该仔细检视自己，衡量一下自己是否易于感染消极的影响。如果你忽略这项自我分析，你将丧失达成欲望目标的权利。

态度是一项决定性的因素，或许也是你最需要祈求的。对自己的信念必须有坚定不移的态度，才能够期望肯定的结果。

不论你想要推销任何东西——商品、个人服务、传教或任何一种理念，都必须以态度做包装。

一个态度消极否定的人，什么也卖不出去，或许有人会向他购买产品，但绝不会是因为他。就像许多零售店中，店员的态度不佳，人们而因为需要，不得不向他购买一样。

你的内心有一个沉睡的巨人，你可以命令它实现你所有的愿望。当你有一天早上醒来，发现成功的光辉笼罩着你，你会恍然大悟，原来你早已拥有所有成功致富所需的条件。

（2）独立思考，不被他人的意见左右

人性中普遍存在着两个相反的特性，这两个特性都是正确思考的绊脚石。

轻信（不凭证据或只凭薄弱的证据就相信）是人类的一大缺点。这个缺点使希特勒有机会把他的影响力，发展到可怕的程度（包括他的人民之间，以及对世界的其他地区）。正确思考者的脑子里永远有一个问号，你必须质疑企图影响正确思考的每一个人和每一件事。

但这并不是缺乏信心的表现，事实上，它是尊重造物主的最佳表现，因为你已了解到你的思想，是从造物主那儿得到唯一可由你完全控制的东西，而你正在珍惜这份福气。

少数正确思考者一直都被当作是人类的希望，因为他们在所做的事情上，都扮演着先锋者的角色。他们创造工业和商业，不断使科学和教育进步，并鼓舞发明和宗教信仰。爱迪生说得好：

"当上帝释放一位思想家到这个星球上时，大家就得小心了。因为所有事物将濒临危险，就像在一座大城市里发生火灾一样，没有人知道哪里才是安全的地方，也没有人知道火什么时候才会熄灭。科学的神话将会发生变化，所有文学名声以及所有所谓永恒的声誉，都可能会被修改或指责。人类的希望、内心的思想、民族宗教以及人类的态度和道德，都将受到新观点的摆布。新观点将如神力般注入。因此，悸动也跟随而来。"

如果你是一位正确的思考者，则你就是情绪的主人而非奴隶。你不应给予任何人控制你思想的机会。一般人在开始时，会拒绝某一项不正确的观念，但后来因为受到家人、朋友或同事的影响而改变初衷，进而接受此一观念，你必须严防这种错误的倾向。

一般人往往会接受那些一再出现在脑海中的观念（无论它是好的或是坏的，是正确的或是错误的）。作为一位正确的思考者，你可以充分利用此一人性品质，使你今天所思考的到了明天仍然反复出现，并进而接受此一再出现的思想，这正是明确目标和积极心态的力量本质。

人类另一项共同的缺点，就是不相信他们不了解的事物。

当莱特兄弟宣布他们发明了一种会飞的机器并且邀请记者亲自来看时，没有人接受他们的邀请；当马可尼宣布他发明了一种不需要电线，就可传递信息的方法时，他的亲戚甚至把他送到精神病院去做检查，他们还以为他失去理智了呢！

在调查清楚之前，就采取鄙视的态度，只会限制你的机会、信心、热忱以及创造力。质疑未经证实的事情和认为"任何新的事物，都是不可能的"这两种态度不可混为一谈。正确思考的目的，在于帮助你了解新观念或不寻常的事情，而不是阻止你去调查它们。

所有的观念、计划、目的及欲望，都起源于思想。思想是所有能量的主宰，能够解决所有的问题，适度地运用，还可以治愈所有慢性的疾病。思想是财富的泉源，不论是物质、身体或精神。人类追求世界上的财富，却浑然不觉财富的泉源早就存在自己的心中，在你的控制之下，等待发掘和运用。

正确的思考者了解并且分辨生活中所有的事实，包括好与坏，选择自己所需的部分。不听信流言，不做情绪的奴隶，而是根据事实的证据、周密的分析与思考才提出意见。他会参考别人的意见，自己做最后的决定。计划失败，立刻开始其他的计划来取代原先失败的计划，不被短暂的挫折所击倒。他是哲学家，观察自然的法则并加以运用。他不贪图别人的物质财富，靠自己的力量赚取。他不羡慕别人，因为知道自己更富有，而且会慷慨地帮助别人。

正确思考的人具有以上特性，这些特性容易了解，却不易养成，需要自律与练习。努力是有代价的，能够给你内心的平静、身心的自由、智慧及了解自然的法则、物质的财富、宇宙间的和谐，这些都是无价的资产，不能用金钱买得，也不能向别人借得，你必须自己去争取。

没有人能够永远独自生活和独自思考，大多数的人都要随俗。观察你熟识的人，仔细看他们的习惯，你会发现多半是仿效他人。正确思考的人，能够不流于盲从，有自己的想法，勇于做自己认准的事。如果你遇到这样的人，注意，那正是正确思考的人。

大部分无法聚积足够金钱以供所需的人，通常容易受他人意见所左右，他们让报纸和邻居们的闲话来代替思考。意见是世上最廉价的商品，每个人总有一箩筐的意见可以提供给任何愿意接受它的人。假如你下决心时，会受他人左右，那么，你在任何事业上便难以成功，想化自己的欲望为金钱，则更是无望。

保罗·盖蒂年轻的时候，买下了一块他认为相当不错的地皮，根据他的经验和判断，这块地皮下面会有相当丰富的石油。他请来一位地质学家，对这块地进行考察。专家考察后却说："这块地不会产出一滴石油。还是卖掉的为好。"盖蒂听信了地质专家的话，将地卖掉了。然而没过多久，那块地上却开出了高产量的油井，原来盖蒂卖掉的是一块石油高产区。

保罗·盖蒂的第二次失误是在1931年。由于受到大萧条的影响，经济很不景气，股市狂跌。盖蒂认为美国的经济基础是好的，随着经济的恢复，股票价格一定会大幅上升。他于是买下了墨西哥石油公司价值数百万美元的股票。随后的几天，股市继续下跌，盖蒂认为股市已跌至极限，用不了多久便会出现反弹。然而他的同事们却竭力劝说盖蒂将手里的股票抛出，这些被大萧条弄怕了的人们的好心劝说，终于使盖蒂动摇了，最终将股票全数抛出。可是后来的事实证明，盖蒂先前的判断是正确的，这家石油公司在后来的几年中一直是财源滚滚。

保罗·盖蒂最大的一次失误是在1932年。他认识到中东原油具有巨大的潜力，于是派出代表前往伊拉克首都巴格达进行谈判，以取得在伊拉克的石油开采权。和伊拉克政府谈判的结果是，他们获取了一块很有前景的地皮的开采权：价格只有10万美元。然而正在此时，世界市场上的原油价格产生了波动，人们对石油业的前景产生了怀疑，普遍的观点是，这个时候在中东投资是不明智的。盖蒂再一次推翻了自己的判断，令手下中止在伊拉克的谈判。

1949年，盖蒂再次进军中东时，情况和以前已经大不相同，他花了1000多万美元才取得了一块地皮的开采权。

保罗·盖蒂的三次失误，使他白白损失了一笔又一笔的财富。他总结自己这些年的失败说："一个成功的商人应该坚信自己的判断，不要迷信权威，也不要见风转舵。在大事上如果听信别人的意见，一定会失败。"

在以后的岁月中，保罗·盖蒂"一意孤行"，屡战屡胜，最终成为富豪。

如果你被别人的意见所左右，那么你根本就不会有自己的欲望。

有成千上万的人终生怀着自卑感，就是因为有一些善意但无知的人，通过"意见"或嘲弄，毁了他们的信心。

沃尔特·迪士尼决定拍摄第一部长篇动画故事片《白雪公主和七个小矮人》时，曾遭到了来自四面八方的反对。首先是他的妻子和哥哥认为，拍摄这样一部影片，既费钱又费时，是得不偿失的事。电影界的人士甚至把这一举动称为是"迪士尼的蠢事"，大加嘲笑。但是沃尔特·迪士尼并未将这些放在心上，他按照自己的设想，为《白雪公主》挑选了最佳的创作人员，为每个形象，特别是七个小矮人设定了独特的性格特征，给他们分别取名为"害羞鬼""万事通""爱生气""开心果""瞌睡虫""喷嚏精"和"糊涂蛋"。

4年后，凝聚着沃尔特以及迪士尼公司最优秀创作人员共同的心血和智慧的《白雪公主》首次正式上映，受到了观众和影评界的高度赞赏和评价。尽管当时的票价每张只有25美分，但《白雪公主》第一次发行就赚了800万美元，而沃尔特本人也因《白雪公主》而再获奥斯卡奖。被众人当作笑柄的"迪士尼的蠢事"在电影史上获得了非凡的成功。

2. 激发想象力，去创造财富

在加州海岸的一个城市中，所有合适建筑的土地都已被开发出来并予以利用。在城市的另一边是一些陡峭的小山，无法作为建筑用地，而另外一边的土地也不适合盖房子，因为地势太低，每天海水倒流时，总会被淹没一次。

一位具有想象力的天才来到了这座城市。具有想象力的人，往往具有敏锐的观察力，这个人也不例外。在到达的第一天，他立刻看出了这些土地赚钱的可能性。他先预购了那些因为山势太陡而无法使用的山坡地，也预购了那些每天都要被海水淹没一次而无法使用的低地。他预购的价格很低，因为这些土地被认为并没有什么太大的价值。

他用了几吨炸药，把那些陡峭的小山炸成松土。再利用几架推土机把泥土推平，原来的山坡地就成了很漂亮的建筑用地。

另外，他又雇用了一些车子，把多余的泥土倒在那些低地上，使其超过水平面，因此，也使它们变成了漂亮的建筑用地。

他赚了不少钱，是怎么赚来的呢？只不过是把某些泥土从不需要它们的地方运用需要这些泥土的地方罢了，只不过把某些没有用的泥土和想象力混合使用罢了。

约翰是个美国农民，他因爱动脑筋，常常花费比别人更少的力气，而获得更大的收益。到了土豆收获季节，美国农民就进入了最繁忙的工作时期。他们不仅要把土豆从地里收回来，而且还要把它运送到附近的城里去卖。为了卖个好价钱，大家都要先把土豆按个头分成大、中、小三类。这样做，劳动量实在太大了，每人都只有起早摸黑地干，希望能快点把土豆运到城里赶早上市。约翰一家与众不同，他们根本不做分拣土豆的工作，而是直接把土豆装进麻袋里运走。

约翰一家"偷懒"的结果是，他的土豆总是最早上市，因此每次他赚的钱自然比别家的多。

原来，约翰每次向城里送土豆时，没有开车走一般人都经过的平坦公路，而是载着装土豆的麻袋跑一条颠簸不平的山路。两英里路程下来，因车子的不断颠簸，小的土豆就落到麻袋的最底部，而大的自然留在了上面。卖时仍然是大小能够分开。由于节省了时间，约翰的土豆上市最早，自然价钱就能卖得更理想了。

如果你能够激发出自己像约翰这样的逻辑想象能力，就可以在自己的成功过程中做得更好。

3. 独具慧眼，开辟新途径

美国德州有座很大的女神像，因年久失修，当地政府决定将它推倒，只保留其他建筑。这座女神像历史悠久，许多人都很喜欢，常来参观、照相。推倒后，广场上留下了几百吨的废料：有碎碴、废钢筋、朽木块、烂水泥……既不能就地焚化，也不能挖坑深埋，只能装运到很远的垃圾场去。200多吨废料，如果每辆车装4吨，就需50辆次，还要请装运工、清理工……至少得花25000美元。没有人为了25000美元的劳务费而愿意揽这份苦差事。

斯塔克却独具慧眼，竟然在众人避之唯恐不及的情况下，大胆将这件苦差事揽了下来。

斯塔克将这些废料当作纪念品出售，小的1美元一个，中等的2.5美元，大的10美元左右。卖得最贵的是女神的嘴唇、桂冠、眼睛和戒指等，150美元1个，废料很快被抢购一空。

斯塔克对人们说："美丽的女神已经去了，我只留下她这一块纪念物。我永远爱她。"结果他在全美掀起一股抢购女神像的风暴——他从一堆废弃泥块中净赚了12.5万美元。

一些人之所以能创业成功，就是因为其在创业的大道上能独具匠心，开辟新的致富途径。

事物的发展变化，需要我们必须用发展的观点看问题，对事物的未来情况做出科学的预见，并使自己的行动建立在这种科学预见的基础之上。

在激烈的商品竞争中，预见力更是具有非常重要的意义，在某种程度上，它甚至成为企业生存和发展的决定因素。

科学预见是一种能力，这种能力需要有意识地培养，培养的方法，就要经常想一想，明天将会怎样，养成一个习惯。只要有了这样的习惯，预见不见得是很困难的事。

居安思危，时刻保持危机感

孟子说："生于忧患，死于安乐。"

当今世界处在经济变革的黄金时代，如何使自己处于不败之地，有没有危机意识至关重要。松下电器公司总经理说："居安思危精神，是松下经营思想的核心。"他认为：企业越大，它衰落的可能性和危险性也越大，更应居安思危。英特尔公司总裁有句至理名言经常挂在嘴边："唯具有忧患意识，才能永远长存。"据调查，世界百家成功大企业的总经理和董事长，对于企业危机，没有一个自我感觉良好的。

对想赚钱的创业者来说，应该清醒地认识到当前企业所处的严峻形势，正视中国企业界的四大危机：

一是跨国公司长驱直入。西方著名企业纷纷进攻中国市场，其中，排在前20名的全球跨国公司几乎都在中国占有一席之地。医药、彩电、冰箱、洗涤和化妆品行业里，我国稍大一点儿的厂家几乎全部成了中外合资企业。洗涤和化妆品行业，世界几大巨头已瓜分了中国市场，美国的潘婷、飘柔、海飞丝、碧浪和汰渍，德国的宝莹和威白，英国的力士和奥妙，日本的诗芬、花王和狮王等品牌在中国几乎家喻户晓。特别是邻国日本和韩国企业这几年向海外全面出击，开展跨国经营，中国是他们的首选市场，现已占有相当的市场份额。韩国四大集团之一的乐喜金星集团，准备近几年把100亿美元的资金投入中国的冶金、电子、石油和化工等市场，此举引起各跨国公司的震惊和反思并引发一股瓜分中国市场的狂潮。不可否认，它必定会给中国企业带来巨大冲击，没有危机意识，就不会有好的对策。

二是"入世"。中国"入世"意味着关税税率和产品价格的降低，这对质量差、价格高的国货将产生强烈冲击。国内企业只有降低成本，提高质量，完善售后服务，才能保存一席之地，因为任何一个企业不会永远靠保护长大。

三是人才的影响。据科学预测，今后每10年将发生一次全面的职业大革命，其中重大变化每两年就有一次。21世纪职业的变革对个人素质的挑战，决定了企业更欢迎受过更高程度的教育、获得各种技能、涉猎各种领域、具备跨国语言沟通能力和适应新技术发展的员工。迎接这一挑战的唯一措施就是加大人力资源开发的投入，超前培养人才，把21世纪的人才作为企业第一要素来抓，这恰恰是国内企业所忽视的。不但如此，国内企业仅有的人才还在源源不断地被外资企业吸引过去。

四是企业管理机制。一个企业的兴衰依赖于企业经营者的素质，但我们忽视了从观念上、制度上调动企业经营者和员工的积极性，使企业内部权力失去监控，民主管理制度不健全，缺少科学的管理和创新的观念，即使企业有了辉煌，常常是暂时的。国内企业这种与市场经济不相适应的落后管理体制，在外资企业先进的管理思想和科学的管理机制面前显得多么不堪一击。

因此，国内的创业者应该摆正自己的位置，树立危机意识，勇敢地迎接国际企业的挑战。一个民族必须看到自己的弱点和不足，不断自我革新，不断否定自己，不断超越自我，才能永远走在历史的最前沿。企业和球队、军队一样，其衰败的原因之一，首先就是管理指挥上出问题。企业家只有不断否定自我，不断总结教训，才能不断上升，才能站在时代的最高峰，使企业长盛不衰，永葆活力。

创业经营的风险和危机无时不在，企业家要在职工中间广泛宣传危机意识和进取精神。如无锡小天鹅洗衣机厂的"末日管理战略"，强调居安思危；以飞机制造闻名于世的波音公司曾经录制过一个虚拟的电视新闻，在员工中反复播放。其画面内容是：在一个昏暗的日子里，员工拖着沉重的脚步，沮丧地离开工作多年的工厂。门口上挂着出售工厂的招牌，扩音器中传来"今天是波音时代的终结，这是波音公司最后一个要出售的车间"的沉重语调。这种倒闭后的惨状，在员工心中产生了巨大的震撼力。强烈的危机感使员工意识到，只有全身心投入到企业的生产和发展之中，企业才能在竞争中立于不败之地，否则虚拟将成为现实。

日本是最善于树立和增强危机意识的国家之一，他让全国公民都知道，只有学人所长，奋发进取，走在世界经济的前列，才不会被淘汰掉。日本企业家的危机意识已融入他们的企业文化。如小山秋义从商几十年，创业之初赤手空拳，经历了艰难困苦，九死一生。现在，他的企业已由4人的小会社发展成为拥有17个会社的企业集团，年营业额100多亿日元。他总结自己成功的原因，归结为"怀抱炸弹"经营的结果。

有了危机感，我们才能主动出击、迎潮直上，在不断进步的竞争中化解危机。

1. 竞争时代，唯强者得生存

吉诺·鲍洛奇是一个意大利矿工的后裔，童年生活很悲惨，他拾过煤块，当过苦力。生活的艰辛使他很早就形成了对这个世界的基本看法：这是一个充满机会、充满竞争的社会。竞争规律决定了，只有真正的强者才能在这个世界里脱颖而出。这种贫苦生活既磨炼了鲍洛奇的性格，更赋予了他征服整个世界的宏愿。屡受冷落和白眼的鲍洛奇发誓，总有一天，他会让整个世界成为他任意驰骋的战场。这种竞争观支撑着鲍洛奇，使他具备了强悍的竞争意识。他崇拜战斗，信奉竞争，从不妥协，他觉得没有任何事情比在竞争中取胜更令人欣慰。这种竞争观也使得鲍洛奇练就了坚强的意志和超人的才能。他从一个杂品推销员开始，白手起家，从卖豆芽菜逐渐扩展到经营与东方食品有关的所有业务。短短20年间，他几经挫折、失败和打击，面对环境压力，永不服输，使经营中国食品的重庆公司最终发展成为拥有1亿美元资产的超级食品公司。他创造了奇迹，他本人也因此被誉为"美国的食品大王""推销怪才""商界奇才"。

我们处在一个竞争时代，只有强者才能脱颖而出，这正是鲍洛奇的经历告诉我们的。

2. 赢得顾客，要有竞争意识

阿莲是一个小型毛纺厂的女工，丈夫年轻早逝，只留下她和几岁的女儿相依为命。1998年，阿莲所在的厂因经营不善宣布破产，年仅30岁的阿莲失业在家。为了维持生活，阿莲买了一辆人力三轮车，每天清晨到离家10多里南部海滩进一些鲜鱼，在早上8点之前赶到离家10多里的北部一个小镇沿街叫卖。

阿莲第一次卖鱼时，小镇上的人谁也不买她的。因为那里的人有买熟人东西的习惯，而阿莲对他们来说是陌生的。直到傍晚该收车回家了，阿莲的鱼仍旧一条没卖出。她没有垂头丧气，也没有怨天尤人。她想既然小镇的人有买熟人东西的习惯，要想在生意上与同行竞争，就要结识更多的人。于是，当天她就将100多斤鱼不收分文地送给了当地居民。这样，就自然有一些人认识了阿莲。

第二天，阿莲只进了50斤鱼，但这一次她卖了40多斤。顾客除了原先她送过鱼的外，还有几个是"认识"她的人介绍的。

阿莲一边努力地在大街小巷叫卖，一边利用各种机会与人接近。同时，她看到别的同行的鱼价偏高，就用适中的价格去吸引更多的顾客。慢慢地，阿莲的鱼越卖越快，一天竟可以卖二三百斤。她薄利多销的做法，引起了同行的不满，同行纷纷也采取降价的方法抵制她。

1999年，阿莲这时已有了一定的积蓄，她便买了一辆农用车，请了一个司机每天凌晨到100多里远的一个海滩进鱼——那里的鱼更加便宜。同时，她在镇上租了一个门面，在门面里砌了一个大水池，将进来的活鱼放在水池中保持鱼的成活。

阿莲的鱼进价便宜，售价下降的余地更大了。小镇上的鱼贩子纷纷不敌她的"价格战"，要么改行，要么改从她手中进鱼。现在，阿莲已成了一个有20多个打工仔的小老板。她不仅垄断了小镇的鱼市，还将触角伸到了鲜鱼的再加工行业。

阿莲的成功，在于她有强烈的竞争意识。

3. 竞争是成功的开始

为什么在体育比赛中能创造出许多新的纪录呢？这就是竞争的激励作用。没有竞争，就没有提高的自觉性，而一旦投身于比赛中，你就会看出自己的不足，产生拼搏的动力，就会激励你争创一流，提高你的竞争意识。

不要怕你的对手比你强，对手越强对你的激励作用越大。比如，在地方体育竞赛中，你得了第一，你可能再也打不破这一纪录；但若是参加全国比赛，有了许多高强的对手，这时又会激励你向更高的目标前进。

在商界，你若想激发自己的竞争意识，就必须瞄准强手，与之竞争。日本某报的创始人在大阪发行地方报纸时，雄心勃勃地专门把目标对准当时的一些大报。今天，他的地方报纸已发展成富士产经集团，成为日本大众宣传的核心。

办报之前，他不过是一个卖报的老板，他的报摊进行改建时，朝日新闻社的社长和每日新闻社的社长亲自前来祝贺。他在一旁望着两位著名报社的社长，心里暗自下决心，我与你们同样是人，只要肯下功夫，难道我就不能和你们一样吗？

刚开始办报时，他所遇到的困难是可想而知的。但他始终如一的进取心，退回的报纸虽堆积如山，但他仍然咬紧牙关不退却。

现在，他办的报纸鲜明地站在拥护自由主义经济的立场上，与主张不明其他大报社形成迥然不同的风格，共同占领着日本新闻市场。

经验证实：向强者挑战，是成功的开始。

要竞争不只需要有强烈的竞争意识。敢于竞争，还要懂得如何竞争，从哪些方面进行竞争。

4. 关注时势变化

商场如同战场，每一个经营者都必须具有审时度势的能力。战场上，指挥员必须要预知战争的进程，及时调兵遣将，分兵布阵；商场上则要商人们能够预测市场的发展趋势，及时调整生产经营项目，以求立于不败之地。

美国有一个叫罗伯特的企业家，他生产经营的"椰菜娃娃"玩具，销路很好，几乎走红了世界。罗伯特成功的原因是十分关注市场动向和需求的变化。随着现代化的来临，美国的家庭不断出现危机，父母的离异，给儿童造成心灵创伤，父母本身也失去了感情的寄托。因此，儿童玩具逐渐从"电子型"和"益智型"，向"温情型"转化。发现这一发展态势之后，罗伯特设计了别具一格的"椰菜娃娃"玩具，千人千面，有不同的发型、发色、容貌、服装和饰物，再配有不同的生日，要求买者给"椰菜娃娃"起名。这正好填补了人们感情的空白，因此销售额大增。仅圣诞节前的几天内，就销售了250万个"椰菜娃娃"，金额达4600万美元。后来，他的公司销售额突破了10亿美元大关。

注重运用"审时度势"，可以使你眼前"吃得饱"，未来也"饿不着"，总是站在市场的前列，并能够保证把有效的人力、物力和财力用到最适当、最需要的地方去，从而获得最佳的经济效益。

5. 善于运用自身优势

正如十个指头长短不同一样，每个人都有着自己的优点和不足，但如能善于运用自身的优势，就能把不足转化为优点。

例如，发达国家大都早已进入机制食品阶段，中国仍然有许多食品是手工操作，但这一劣势和不足也包含着自己的优势，只是看你能否发挥了。像我国山南海北各具特色的民族风味食品，都是发达国家没有的，许多中国人在海外正是靠经营这些食品站稳了脚跟，并获得更大的发展。

瑞士手表业曾一度被日本的电子表挤得无路可走。但聪明的瑞士人能牢牢抓住自己所长，并努力发挥自己的长处，用自己的长处去同对方的短处较量。他们充分发挥钟表制造业人才济济的优势，首先千方百计地减小手表的厚度，适应了当代消费者手表越薄越好的消费需求；进而根据日益富有的人们把手表不单单做计时器而兼有装饰功用的消费心理，用黄金珠宝制成各式各样令人喜爱的装饰或收藏手表。他们还利用阿尔卑斯山花岗岩的优美色彩和纹理，研制出举世无双、绚丽斑斓的岩石手表，既含有石器时代的古朴，又显示了当代的浪漫，深受世人钟爱。

他们利用自己的优势，把钟表制造技术提高到令人难以逾越的高度，无论从手表的薄度还是从工艺上看都是日本人望尘莫及的。瑞士人终于用自己的长处打败了日本人，10年后，他们又夺回了钟表王国的宝座。

善于利用自身优势，发挥自身优势，在商业竞争中，就会使自己积极转化劣势，立于不败之地。

6. 兵贵神速

社会竞争，人才济济，强手如林。当机会到来时，很多人都会同时发现，几个竞争对手一同向同一个目标进击。因此，面对竞争激烈的商战，要获得好的效益，一般来说都是以快取胜。只有比对手领先一步，迅速占领市场，才能够以新、少来赢得用户，快速销售自己的商品。

1982年，美国政府取消了电话电报公司的专利权，允许私人购买电话机。而在此之前，美国政府规定，电话机只能由美国电话电报公司出租，不能销售，私人购买电话机是违法行为。旧规定的取消，使美国8000万个家庭及其他公私机构，成了电话机的潜在买主。香港地区厂商听说这个消息后闻风而动，将原来生产收音机、电子表的工厂快速转产，生产电话机，迅速扑向美国电话机市场，结果出师大捷。与香港厂商同时发现这一机会的，还有好多国家和地区的厂家，但由于行动较慢，被香港地区厂商抢先一步，因而失去了主动权。

在激烈的商业竞争中，机会极其宝贵；一旦失去，就难以再来，而机会的出现，却很偶然，它并不会永远不动地等在那里。有些机会存在的时间很短，犹如白驹过隙，稍纵即逝，为此，必须及时快速出击，不能耽搁，不能迟疑。

7. 出奇制胜

打仗讲究出奇制胜，在商业竞争中，更是要讲究出奇制胜。随着现代化的不断发展，人们的消费心理也日益趋向"稀奇""独特"，稀为奇、少为贵的现象将越来越突出。所以，要想超出众人，出类拔萃，就必须有一点儿"绝招"，那就是在"稀奇"和"独特"上下功夫。

大千世界的万物都是变幻无穷的，只要善变，便会创造出一个又一个的新东西来。所以，每个竞争者都必须学会并掌握出奇制胜的谋略，否则你就无法发现新路子，无法创造新项目，就会在一成不变中被淘汰。

最初发明铅笔的人，成了大富翁；把铅笔头上固定一块小橡皮的人也成了大富翁；发明自动铅笔的人，同样成了大富翁。一支小小的铅笔，稍加改动，竟能造就不同的成功，更不用说那些大大小小的世间万种商品了。

有一年，在一个规模很大的世界博览会上，世界各大厂商差不多都将产品送去陈列。我国也不例外。我国将国内最好的酒——茅台酒送去参加展览。博览会开幕后，前来参观的人异常拥挤，但我国的展台却冷冷清清，人们对茅台酒那古朴的包装十分陌生。为此，参展人员想出了绝妙的主意。一位参展人员装作不小心，打翻了一瓶茅台酒，使茅台酒酒香四溢，人们被这浓浓的醇香所吸引。从此，茅台酒驰名海外。

每个经营者都会做广告，奇妙超群的广告比起老生常谈的广告，不知要强多少倍。

日本西铁城钟表商的广告术就最具特色。为了在澳大利亚打开市场，他们用直升机把手表从高空扔下地面，落到指定的地点，谁拾到就送给谁。这一奇招，果然引起轰动，成千上万名观众拥到广场，看到一只只手表从天而降，而且手表竟然都完好无损，于是消息不胫而走，西铁城的名声也随之传开了。

可见，出奇制胜的"奇"，未必都是全新的发明和创造，只要善于运用创造性思维，不断变换招法，就能收到出奇制胜的效果。

8. 灵活机变

在激烈的商业竞争中，新的情况、新的问题、意料之外的事，会不时地摆到竞争者的面前，这就要求竞争者要懂得应变的谋略。在变化面前反应迟缓、循规蹈矩、不思变通的人，迟早要被竞争淘汰；只有能灵活调整，及时改变自己方针和策略的人，才能够成为一名优秀的竞争者。

20世纪60年代初，美国吉列公司的剃须刀片在海内外占据统治地位。可后来吉列刀片遇到一个强劲的对手：威尔金逊公司的"不锈钢刀片"。由于它美观耐用，迅速占领英国市场，并扑向美国市场，使吉列公司陷入内忧外患的境地。

面对如此严重的局面，总经理勒克勒开始时估计不足，使吉列刀片的市场占有率下降了35%。这时，勒克勒不再观望了，他宣布吉列公司要奋起反击。

首先，采取"市场追踪"对策，急起直追，推出"吉列"不锈钢刀片。特别是推出的"超级不锈钢"刀片，使吉列公司后来居上，夺回了第一把交椅。后来又推出自动安全领刨，成为吉列的新名牌。

在此基础上，勒克勒还推出"喷罐式剃须摩丝"等一系列男性化妆品。这一系列产品，在市场上大受欢迎。"吉列"不仅成为刀片的代名词，而且也成为当今"男士化妆用品"的代称。

9. 质优而长兴

在竞争中，人们能够采取种种谋略取胜，但在这些谋略中，很多都不能保持长久。用得过多，就会失去它原有的效能。只有"以优质取胜"可以保持久远的效果，这就是日本产品为什么能够迅速占领世界市场的原因。

随着商品经济的不断发展，市场繁荣，消费者的购买心理也日趋成熟，他们舍得花高价钱购买优质实用的商品。像我国北京的高档购物中心——燕莎购物中心和赛特购物中心，虽然商品价格昂贵，但由于质量一流，购买者仍然络绎不绝。

财富更青睐敢于冒险者

不入虎穴，焉得虎子。如果你想赚大钱，就必须有勇气，不怕失败。所谓勇气，是一种冒险的心理特质，是一种不屈不挠对抗危险、恐惧或困难的精神。但知难行易，一般人很难自己培养出勇气。而今许多人无法经济独立，是因为他们心中存有许多障碍。事实上，成功致富只不过是一种心智游戏。许多百万富豪经常在内心描画发财之后的好处，他们不断地告诉自己，要发财就要冒险。

有一次，摩根旅行来到新奥尔良，在人声嘈杂的码头，突然有一个陌生人从后面拍了一下他的肩膀，问："先生，想买咖啡吗？"

陌生人是一艘咖啡货船的船长，前不久从巴西运回了一船咖啡，准备交给美国的买主，谁知美国的买主却破产了，不得已只好自己推销。他看出摩根穿戴讲究，一副有钱人的派头，于是，决定和他谈这笔生意。为了早日脱手，这位船长表示他愿意以半价出售这批咖啡。

摩根先看了样品，然后经过仔细考虑，决定买下这批咖啡。于是，他带着咖啡样品到新奥尔良所有与他父亲有联系的客户那里进行推销，那些客户都劝他要谨慎行事，因为价格虽说低得令人心动，但船里的咖啡是否与样品一致却还很难说。但摩根觉得这位船长是个可信的人，他相信自己的判断力，愿意为此而冒一回险，便毅然将咖啡全部买下。

事实证明，他的判断是正确的，船里装的全都是好咖啡，摩根赢了。并且在他买下这批货不久，巴西遭受寒流袭击，咖啡因减产而价格猛涨了二三倍。摩根因此而大赚了一笔！

美国只有少数人是百万富豪，因为只有18%的家庭主人是自己开公司的老板或专业人士。美国是自由企业经济的中心，为什么只有这么少的人敢自行创业？许多努力工作的中层经理，他们都很聪明，也接受过很好的教育，但他们为什么不自行创业，为什么还去找一个根据工作业绩发给薪水的工作呢？

许多人都承认，他们也问过自己同样的问题：为什么还要当上班族？主要的原因是他们缺乏勇气，他们要等到没有恐惧、没有危险和没有财务顾虑之时，才敢自行创业。他们都错了，其实从来就没有不感到害怕的自行创业人。

"创业家"的意义，是不畏艰巨，虽千万人吾亦往也。成功的创业家能克服诸多恐惧。还有的人认为，财富跟勇气一样，通常来自于遗传。有许多人可能在年幼时就很有勇气，但也有许多人，他们在40岁，甚至60岁时，还在培养与增强自己的勇气。

即使是智者中的智者也会害怕，不过他还是勇敢地去行动。恐惧与勇气是相关的，并非不怕危险才是有勇气。如果有更多人了解到这一点，那么将会有更多的人自行创业，也就会有更多的富豪。

现实生活中许多企管专业毕业的硕士，只想免掉风险。许多人从来没想过要自行创业，因为风险太大。在大公司领薪水，就可以避免突然失业的风险。何必花时间研究投资机会？企业总是会照顾中层主管。有许多人，他们的信念就是赚钱和花钱，让公司照顾他们一辈子。这的确是很理想、风险又低的方法。但是他们的算盘打错了，总有一天，中层主管的职位也会消失的。

想要成为百万富豪，就必须面对自己的恐惧，敢于冒险。他们不断提醒自己，最大的风险是让别人控制自己的生活。为什么许多学校里的高才生，到一个公司后虽然努力工作，但仍可能突然间就失去了工作呢？这全在少数几位高层经理的一念之间。

但这里所说的冒险与赌博却是截然不同的概念。

资产净值愈高的富豪，认为冒险投资是"非常重要"因素的比例也愈高。有41%的千万富豪认为，冒险投资是非常重要的因素。

冒险投资与资产净值之间，有非常明显的关系。投资理财的刊物经常强调，要冒险才能赚大钱。将成功致富归于冒险投资的人，很懂得投资理财，他们中的大多数人觉得靠赌博发财，简直是痴人说梦。赢得彩券完全是靠运气，但最有钱的人从来不买彩券，大多数人也从来不赌博。愿意冒险投资的人，多数是赌徒。

百万富豪对于概率有透彻的了解。他们基本上知道"胜率"以及预期的投资回报率。买彩券的投资回报率太低，大部分的赌博你无法控制，要提高中彩券的概率，唯一的方法只有买更多的彩券。

有些不太富裕的人说，每星期只要花两元或十几元，就有中大奖的机会。但是投资回报率有多少呢？两元的彩券中500万元大奖的概率只有450万分之一。即使中了100万元，其实也领不到100万元。你有两种选择，每年领取10万元，连续领10年。以现金价值来计算，就不到100万元。或者你也可以一次领走，那就更少了。事实上，买彩券投入两元，能收回的经常不到5毛钱。从投资回报率来看，买彩券的人几乎永远是输家。

有人认为，"一星期只不过几块钱而已。"其实这不只是钱的问题，还有时间。包括排队等候与花在路途上的时间，买张彩券大概要花10分钟。假设你每星期都买，一年就得花520分钟在概率几乎是零的活动上。

520分钟等于8.7小时。一个百万富豪平均每小时可以赚300美元，这就是他们为什么不愿意浪费时间每星期到商店购买彩券的原因。这些时间可以用来做更有益的事情，如工作、学习新技术或是跟亲友相聚。如果每小时赚300美元，乘以8.7小时，一年就是2600美元，20年就相当于5.2万美元。如果将这笔钱用来购买效益良好的公司股票，20年就会变成好几百万美元。

几乎所有白手起家的富豪，对他们所选择的行业都有一些经验与了解。许多人在做决策之前，都会仔细研究各行各业的获利率。冒险投资的人在创业之前做研究的比例，是不愿冒险投资的人的两倍，他们对于各行业的成长与收入比较了解。敢冒险的人一定会成功，因为他们在投资前做了许多研究，而他们也很喜欢自己新选择的工作。这其实可以分成两个步骤，他们首先选择适合自己个性的工作，而不只是为了金钱去选择工作，这样才会有归属感。通常是先担任受雇的职员，然后觉得这工作很适合自己。

研究拟定出一套业务概念。喜好、专业知识、训练、经验以及跟客户与供应商所建立的良好关系都是重要的因素。在这种情况下，自创事业已经没有多大的风险。从职员到自己出来创业，只要是在相关的行业里，其风险要比投入新行业低。只要你喜欢这行业，就比较容易成功。

冒险投资的人通常有特殊感应，能够"看到其他人看不到的商机"。

已过而立之年的希尔顿一心想要成就一番事业，做一名银行家。他带上他所有的家当——5000美元，只身来到得克萨斯闯天下。

他在火车站附近看中了一家小银行，便问店主要多少钱才肯出售。店主开价7.5万美元。尽管希尔顿当时口袋中只有5000美元，但他还是极其兴奋，满口答应了下来，他有信心筹到余下的款子。不料几天后，店主却把价格抬到了8万美元，而且不再有商量的余地，这让希尔顿十分气愤，当即放弃了当银行家的念头。

余怒未消的希尔顿来到一家小旅店，准备歇歇脚。然而旅店里人声嘈杂，拥挤不堪。他好不容易挤到柜台前，却被告知已经没有空房间了，如果他想要碰碰运气的话，可以过8小时再来，看那时有没有空房间腾出来。店主一脸的愁容，不断地发着牢骚："都是这家破旅店，把我所有的钱都套住了。早知如此，还不如当初做石油生意，说不定我现在早已经是百万富翁了。真不知什么时候才能摆脱这该死的旅店！"店主的话让希尔顿眼前一亮。他试探地问道："你舍得摆脱掉这份家当吗？"

店主说："谁要是能出5万美元的现金，我就把这旅店卖给他，包括我的床铺，都是他的。"

"老兄，你已经找到一个买主了。"希尔顿沉着地答道。

店主用怀疑的目光打量着希尔顿："我要的可是现金啊！"

"让我先查查账再说。"

希尔顿用了3个小时的时间，仔细核查了旅店的账本，他觉得这笔买卖简直太划算了，于是当机立断，决定把它买下来。经过一番讨价还价，最后以4万美元成交。

希尔顿火速返回，迅速筹足了现金，如数交到了店主的手里。

几天以后，希尔顿成了这家旅店的新主人。这家不起眼的小旅店后来成了饭店大王希尔顿的发迹地。

日本的大企业家本田说过一句意味深长的话，他说："我一直都过着非常鲁莽的生活，我真正成功过的工作，只不过是全部工作的1%而已。而这个已经结了果实的1%的成功，就是现在的我。"

可见，冒险对于想赚大钱的人的重要性。

鼓励你去冒险者，绝不是要你把两只脚一起踏到水里试探水的深浅。有句俗语说："只有傻瓜才会同时用两只脚去探测水深。"同样的，只有笨蛋才会在没有投资经验时，就孤注一掷。

对于不熟悉的投资机会，不要一开始就"倾巢而出"，还是以"小"为宜。高明的将领不会让自己的主力军队，暴露在不必要的危险下。但是为了获得敌情，取得先机，他们会派出小型的侦察部队深入战区，设法找出风险最小，效果最大的攻击策略。

投资的冒险策略亦是如此，对于不熟悉的投资或在状况不明、没有把握的情况下，切忌"倾巢而出"，此时以"小"为宜，利用小钱去取得经验、去熟悉情况，待经验老到、状况有把握时，再投入大钱。

俗话说得好，"万事开头难"，克服恐惧的最佳良方，就是直接去做你觉得害怕的事。冒险既然是投资致富中不可或缺的一部分，就不要极力逃避。从小的投资做起，锻炼自己承担风险的胆识。有了经验之后，恐惧的感觉会逐渐消除，在循序渐进地克服小恐惧之后，你可以去面对更大的风险。很快你将发现，由冒险精神带给你的历练，正协助你一步一步地接近梦想。

规避风险是人类的本性，但千万不要因为一次投资的失败，便信心大失，不敢再投资，而成为永远的输家。也不要因为一时"手气好"，便忘记风险的存在。多方借钱大举投入，造成永难弥补的损失。成功者与失败者同样对风险都感到畏惧，只是他们对风险的反应不同而已。

如果你不愿意冒险，宁愿保守，那么最好心里有个准备，你将终生平庸，因为这是无法避免的。当然，保守、平庸，能快快乐乐地过一生也很好，决定权在自己。人们通常只后悔没有去做某事，而不后悔已经试过的事。

第三章　增加收入，打好基础

很多人都在寻找增加收入的机会。家无隔宿之粮的人固然要赚更多的钱，丰衣足食者也要赚更多的钱，否则根本不能跟上社会发展的洪流。

努力增加你的收入，不仅是为你今天的美好生活提供支撑，同时也能为你明天的辉煌打下基础。

提升你的价值

经常有人抱怨：我得到的比我应得的少。这是错误的观念，正确的想法应该是：如果你想要"赚"更多，那么你应该付出更多。

你的收入是以你对经济市场投入的价值为依据的。这个市场对你没有喜恶之分，它是依据你的价值来支付你薪水，不是依据其他角色来支付。你没有被幸运特别眷顾，也没有被幸运刻意遗弃。你手中握有决定权，决定你能赚多少。

你必须了解市场的规则，你的收入高低就是依据这些规则来决定的。如果不了解今日所得就是昨日决定的结果，那么你不会开口说："我现在要改变决定。"你是你生命的设计师，当然可以规划收入的高低。如果有人能够决定你收入的多寡，也能掌控你的生活，那个人只能是你自己。以下我们将分析"如何为你的价值加分"，分析的答案适用于一般员工和自行开业的老板。

1. 表现强项，增加收入

金钱和机会不会随着你的需要而来，而是会跟着你的能力而来。你不会因为你"需要"而使得收入增加。你的收入之所以提高，是因为那是你"应得"的。

家境不好的员工去找老板："……我们又生了一个小孩，我们现在需要一大间大一点儿的房子，还需要请一个保姆，否则我无法来上班……我需要加薪。"老板不仅会拒绝他的要求，可能同时还会决定，公司"不再需要"这种员工。

如果你想要求加薪，要向老板解释，为什么你"应该"加薪。在和老板进行谈判前，你必须先做准备，列出你对公司有什么好处，你还可以为公司带来什么其他的贡献，并将你的强项一一列举出来。你要提早告诉老板你要求面谈，并且清楚告诉对方，谈话的内容是要确定你对公司的价值。如果你没有谈判的经验，你可以对着镜子或找人练习。你必须表现出你的强项，绝对不要表现出你的疑虑，这点对自行开业的老板也一样适用。别人不会追随犹疑不定的人的脚步，只会追随那些对自己目标坚定不移的人。有强项的人就可以有高收入。

2. 只问义务不问权利

如果你太在意你的权利，则无法达到目的，你要问你能为公司做什么，不要常问公司能为你做什么。以员工权利为主的公司注定要失败，而人与人之间的关系，如果个人只在意自己的权利，也注定失败。约翰·肯尼迪这样说："不要去想国家能为你做什么，而是去想你能为国家做什么。"用这种观点你才能达到你的目的，你能赚得更多，你也因而成长。你感到满意，因为你有所贡献，而不是只享受别人的成果。

3. 超出别人的期待

你的付出超出别人对你的期待，让周围的人对你刮目相看，你的努力要超过所有人的期待。

在单位工作时间一长，总是可以找到一些偷懒的方法，比如，你可以在下班前10分钟离开；你可以躲在厕所里看报纸20分钟；如果要去拿文件，可以稍微绕到咖啡厅小坐片刻……反正虽然你每天领的是8个小时的薪水，但只做6个小时的工作就可以。

但是，如果你拿的是8个小时的薪水，最好工作10个小时，让自己"应得"更多的钱。养成拼命工作的习惯，这是致富的本钱。用小火煮东西，时间一长终会煮熟。即使老板没有看到你工作的热诚，却还是值得这么做，因为你拥有督促你向前进的本钱：追求成功的工作习惯。

4. 工作要高效

如果说要拿高工资还有一个最后的秘密，那就是把每天该做的事尽快完成。工作的指导原则是：越快越好。把这些工作看成运动，用迅速完成来让大家啧啧称奇。你可能会告诉我："如果做得太快，可能会出错。"没错，工作太多、又做得太快，错误就会多一些。但第一，做对的事还是居多；第二，错误是好事。如果你害怕犯错就不去做，绝对无法成就大事。没有人要求你一定要做到尽善尽美，完美其实是一种阻碍，而我们要求的是与众不同。害怕犯错的人，想把每件事都做的正确，但不害怕犯错的人，会有与众不同的表现。

我们要问：如何以最快的速度，完成与众不同的成果呢？让大家对你提高注意力，例如，3分钟内回复传真、马上回电、做事绝不拖延。

尽快完成工作，有如下秘诀：

· 不要害怕犯错。

· IBM创始人沃森（Thomas J. Watson）曾说："想在我们公司出人头地的人，必须积累错误。"

· 错误创造经验，经验帮助你快速正确地下决定。

· 学习相信自己的直觉，让你能更迅速下决定。

· 以第一速度处理工作，你可能会出错，但你做对的工作还是占多数。

· 当你迅速决定下的结果中有50%以上是对的，你一定能致富。

5. 勿以事小而敷衍

以前值得做的事，现在更值得把它做好。所以不管是写封信、打个电话，还是排好椅子、准备会议室，没有所谓不重要的事。做任何事，都要尽心做好。你可以想象，可能会有个亿万富翁在观察你工作，然后决定他是否要聘你到他的公司工作。

切记：这不是在暗示你应该把事情做到最完美。完美代表没有错误，但是害怕犯错是一种阻碍。要求完美的公司，业绩一定停滞不前。你应该把所有的事做到与众不同，用不同的方式来做事。因为只有杰出的成绩才能加深大家对你的印象。

6. 让自己不可替代

把你的责任范围延伸到工作范围之外，吸引别人的注意。在每个公司里都有公司不能缺少的某些人物，他们是公司里的重要角色。让你自己成为不可或缺的人物，这不是表示你要把所有的工作都往自己身上扛，而是扛起责任。扩大你的影响范围，自愿去接受任务，接受专案筹划的工作。你要有这样的想法："我代表公司。"

另一方面，你要让自己在你的部门或公司里成为不可或缺的角色，但这不表示你必须做所有的事才能把事情做好，否则你只会变成公司的奴隶。让自己成为不可或缺，因为你准备好要扛起责任。之所以不可或缺，因为你把任务和权威分派给别人。

7. 保持学习

人类的大脑在进化之初，一定具有非常杰出的本能反应：眼睛一看到猎物，就能马上猎捕，发现危险便马上爬到树上。人类之所以能逐渐成为固定在某处生活的群体，是因为我们认识事物之间的关联性，并学会事前计划。我们知道今天播种，几个月以后会有收成。这个认知是人类最重要的意识改变。花3年的时间接受职训或花4~6年的时间去上大学接受再深造，之后就能有较高的收入——符合了同样的认知。

但学业结束之后，并不代表学习的结束。真正的学习才正要开始。可惜我们并没有将这项认知运用在大部分的生活领域里，否则我们行事就不会那么短视。10年坐吃会山空，吃10年的巧克力会发胖生病，10年盯着电视看会瞎眼。如果有人10年内不看电视，但每天花2个小时阅读具有建设性的专业书籍，他可能不会知道现在足球赛的比赛情形，但他的收入一定比每天花2~3小时看电视的人高出2~3倍。

8. 成为专家

你的做法若和其他人一样，你无疑就像沙漠中的一粒沙。那么你的所得也将和其他人没有两样。你不能说你的能力比较好（即使你是对的），因为每人都这么说。如果你是位专家，则自然有人会主动来找你。

这里有一个很好的办法，可迅速训练你成为专家：请假设你已经成为专家，打算写一份一整页的广告，推销你的产品，吸引别人的注意。这个方法有以下几个优点：

·它能强迫你以顾客的角度，来思考你能为他们带来什么好处。

·你可能更清楚地把注意力集中在重要的事物上。

·在构思这份广告的过程中，你可能会发现你根本不喜欢后来的结果。那你便能尽早另做打算，以免浪费时间和精力。

·你更清楚要达到成为专家这个目标，要进行哪些步骤，你也可以更精准地确定你的目标群。

·你了解如何满足顾客的需要，你会不时问自己，如何让顾客获得最好的服务。

·加速追求目标的整体过程，让你可以立刻开始进行。

9. 要求金钱报酬

你是不是那种有时候做了服务，但又不要求金钱报酬的人？请你仔细考虑一下：要求金钱报酬有时候是自我价值感的问题。当你做了对别人有价值的事，因此获得金钱报酬，是一项很自然也完全合理的事情。你是否觉得你的服务有价值，完全取决于你对自己的评价。如果同样一件事情由别人来做，可以索取高价报酬，但你却免费服务，这唯一的原因在于你缺乏自信。别人了解他自己的价值，但你却不。

你必须对你生活的品质负责任，赚钱是你的义务，因此你也应该要求金钱报酬——至少在你达到经济完全无忧前，你必须这么做。

你也知道，要想成功，想法比能力还重要。所以请你看重自己，并把这一点记录在成功日记里。

10. 将时间集中在创造收入的工作上

这很简单，只将时间集中于能够增加收入的工作上。先挑选出，在你的领域里有哪些是可以增加收入的工作。很多人可能都具有可以完成大部分工作的能力，但只有少数人具有只做能够创造收入工作的原则。

你将会看到，只将心力投注于创造收入的工作，效果会让人较为满意；然而做其他的事，却比较容易。但你不要忘记，收入高低的关键在于，你做的事是否与众不同。

在这里同样重要的是：愈快愈好。不要等到你有能力的时候才做，应该尽快把事情委派出去。如果这件工作别人可以做，就尽快发派出去，然后你将空出来的时间，拿来从事能够制造收入的工作。你还能将更多事情委派给别人，利用余下的时间充实自己。只要你在相同的时间内，收入比支付给帮手的费用还多时，那这笔账单就有代价了。

大部分的公司都认为应该先成长，然后才有能力去聘请他们需要的人才。但正确的做法是：你应该以最快的速度聘请这些人才，那么你才能成长。

收入也要"开源"

如果把你的收入比作一条河，而你这条河只有工资这条渠道流入的话，永远也不能拥有丰富的水资源。你需多拓展一些支流，来保证你收入的河流有充足的水量。

举办奥运会是当今世界许多国家梦寐以求的美事，它除了能帮助举办国扩大知名度外，还能够带来大量的经济收益。但有谁想到，二三十年前的奥运会，是一场"亏血本"的"买卖"呢？

1976年，加拿大承办奥运会，亏损10亿美元，至今他们还要为此交纳"奥运特别税"，预计到2030年才能还清全部债务。1980年在莫斯科举行的奥运会，据说苏联当局也花费了90亿美元之巨。因此，对于1984年奥运会，许多国家及城市望而生畏，没有勇气承办，却只有美国的名城洛杉矶愿意承办1984年第23届奥运会。

1979年，46岁的企业家尤伯罗斯知难受命，接受这项艰巨任务，担任了筹委会主任。筹委会成立时明确宣布，本届奥运会不由政府主办，完全"商办"；组委会是独立于美国政府以外的"私人公司"。为了筹集资金，尤伯罗斯绞尽脑汁，决定利用一切可以利用的力量。盛况空前的洛杉矶奥运会，没花东道主美国一分钱，反而盈余1500万美元的奇迹就是成功的典范。

这届奥运会最大的一笔收入，是靠出售电视转播权筹集的。组委会开出的国内独家转播权的价格是2.2亿美元。这个价格是蒙特利尔奥运会电视转播权价格的6.6倍，是莫斯科奥运会电视转播价格的20.6倍。价码开出，美国3家最大的电视广播网都认为价格过高，一时难以定夺。曾经买到过莫斯科奥运会电视转播权的全国广播公司开了4次董事会都举棋不定。美国广播公司请了几十位经济专家仔细计算，认为有利可图，于是，便先下手为强，抢在全国广播公司前买下了电视转播权。

第二项大收入，是请私人公司赞助。在这方面尤伯罗斯吸取了1980年纽约冬季奥运会的教训。那届奥运会没有规定每个单位最低赞助金额和单位数目，结果赞助厂商虽有381家，却一共只给了900万美元的赞助费。本届奥运会规定，正式赞助单位为30家，每家至少赞助400万美元，在每一项目中只接受一家赞助商。而赞助商都可取得本届奥运会上某种商品的专供权。这样一来，各厂商为了宣传自己，互相竞争，出高价抢夺赞助权。

尤伯罗斯亲自谈判每一宗赞助合约，运用他卓越的推销才能，挑起同行业间的竞争。当国际商业机器公司决定不参加赞助的时候，尤伯罗斯打电话给该公司的主席，指出赞助洛杉矶奥运会的公司，可以在下一代青年脑海中留下全球性公司的形象。当然，他不会忘记警告对方，另一家规模巨大的电脑公司也有兴趣，逼得该公司乖乖签约。

在伊士曼，柯达公司认为赞助费太昂贵，表示没有一家摄影器材公司愿意付出400万美元赞助费时，尤伯罗斯警告他们，已有外国竞争者与之争夺赞助权，但该公司仍然执迷不悟。尤伯罗斯毫不迟疑地把赞助权售给日本的富士摄影器材公司。于是，日本富士公司以700万美元的赞助费，战胜柯达，取得这届奥运会专用胶卷供应权，使柯达公司追悔莫及。

"可口可乐"和"百事可乐"两家饮料公司的竞争也十分激烈。"可口可乐"抢先一步开价1300万美元，成为本届奥运会开价最高的赞助商，取得了饮料专供权。本届奥运会赞助费总收入1.3亿美元。

第三项大收入，是门票收入。这届奥运会的门票价格是相当高的，开幕式和闭幕式门票售价分别为200美元、120美元和50美元3种。门票总收入达8000余万美元。

还有诸如火炬接力和出售会标的商标专利权的收入。火炬接力采取捐款的办法，也是尤伯罗斯想出来的。奥运会火炬是在希腊点燃的。这一届洛杉矶奥运会在美国国内的传递仪式，由东至西，全程15000千米，沿途经过32个州1个特区，在7月28日奥运会开幕时准时到达洛杉矶纪念体育场。火炬传递权是以每千米3000美元出售。不少厂商花钱买下1000千米，雇人参加火炬接力，来宣传自己公司，仅这一项收入就达3000万美元。

尤伯罗斯通过上述办法，开拓了许多条收入的渠道，终于筹集到5亿美元，从此改变了前几届奥运会经济上亏损的历史。

作为个人，无论是打工仔还是老板，都要学会尤伯罗斯"开源"的方法。个人"开源"的方法很多，比如，投资金融市场，从事第二职业等。

省钱就是赚钱

在日常生活中，人们都力求勤俭持家。工业生产也如此，要想取得更多的利润，节约每一分钱，实行最低成本原则是非常必要的。著名企业都非常注意降低成本，节省每一分不必要的开支。

洛克菲勒是美国的石油大王，他拥有的财富无人可比，但他深深懂得节约的重要性，他曾对他的下属说："省钱就是挣钱。"

洛克菲勒经常到公司的几个单位悄悄察看，有时他会突然出现在年轻簿记员面前，熟练地翻阅他们经营的分类账，指出浪费的问题。又如他在视察美孚的一个包装出口工厂后，确定用39滴焊料封5加仑火油罐（而不是原先的40滴）的标准规格，也是很著名的节约实例。

正是由于洛克菲勒的这种始终如一的注意节约行为，美孚公司才取得了如此辉煌的财富。他使生产成本降低，这样既增加了利润，也提高了企业竞争能力。

1. 节俭是一种美德

社会上有些人与其说是在遭受着缺钱的痛苦，不如说是在遭受着大肆挥霍浪费钱的痛苦。赚钱比懂得如何花钱要轻松容易得多。并非是一个人所赚的钱构成了他的财富，而是他的花钱和存钱的方式造就了他的财富。当一个人通过劳动获得了超出他个人和家庭所需开支的收入之后，那么他就能慢慢地积攒下一小笔钱财了，毫无疑问，他从此就拥有了在社会上健康生活的基础。这点积攒也许算不了什么，但是它们足以使他获得独立。

节俭是一种美德，它能使我们免遭许多蔑视和侮辱，它要求我们克制自己，但也不要放弃正当的享受。它会带来许多诚实的乐趣，而这些乐趣是奢侈浪费从我们身上夺走的。

节俭并不需要很高的勇气才能做到，也不需要很高的智力或任何超人的德行才能做到。它只需要某些常识和抵制自私享乐的力量就行。实际上，节俭只不过是日常工作行为中的普爱意识而已。它不需要强烈的决心，它只需要一点点有耐心的自我克制，只要马上行动就立即能见成效！对节俭的习惯越是持之以恒，那么节俭就越是容易，这种行为也就会更快地给自我克制带来巨大的补偿和报酬。

对那些收入丰厚的人来说，把所有收入全部花在自己一人身上，这种做法是多么自私啊！即使他有个家，若他把自己每周的收入全部花在养家糊口上而不节省一点儿钱的话，也是十足的不顾未来的行为。当你听说一个收入颇丰的人死后没有留下任何财产的时候——他只留下他的妻子和一个赤贫的家，让他们听从命运的摆布，是生是死听天由命时——你不得不认为这是天底下最自私而毫不节俭的行为。最后，这种不幸的烂摊子家庭会陷入贫穷的境地。

事实上，对于那些最穷苦的人来说，正是平日里的精打细算，无论这种行为多么微不足道，为以后他和他的家庭遭受疾病或绝望无助时提供了应急手段，而这种不幸的情形往往是在他们最意想不到的时候光临他们。

相对来讲，能成为富翁的人毕竟只是少数；但绝大多数人都拥有成为富翁的能力，即勤奋、节俭和充分满足各人所需的能力。他们可以拥有充足的储蓄以应付他们年老时面临的匮乏和贫困。然而，在从事节俭的过程中，缺少的不是机遇，而是意志力，一个人也会不知疲倦地辛勤工作，但他们仍然没法避免大手大脚地花钱，过着高消费的生活。

绝大多数人宁愿享受快乐而不愿实行自我克制。他们常常把自己的收入全部花掉，不剩一个子儿。不只是普通劳动人民中有挥霍浪费的人。也有些把多年辛勤工作的收入在一年中就挥霍精光的故事。

金钱有时代表了许多毫无价值或者说毫无实际用途的目的；但金钱也代表了某些极为珍贵的东西，那就是自立。从这个意义上讲，它具有伟大的道德重要性。

"不要轻率地对待金钱，"巴威尔说，"因为金钱反映出人的品格。"人类的某些最好品质就取决于是否能正确地使用金钱——比如，慷慨大方、仁慈、公正、诚实和高瞻远瞩。有的人的恶劣品质也起源于对金钱的滥用——比如，贪婪、吝啬、不义、挥霍浪费和只顾眼前不顾将来的短视行为。

没有任何一个赚多少就花掉多少的人干成过什么大事。那些赚多少就花掉多少的人永远把自己悬挂在赤贫的边缘线上。这样的人必定是软弱无力的——受时间和环境所奴役。他们使自己总是处于贫困状态。既丧失了对别人的尊重，也丧失了自尊。这种人是不可能获得自由和自立的。挥霍而不节俭足以夺走一个人所有的坚毅精神和美德。

当人们变得明智和善于思考以后，他们就会变得深谋远虑和朴素节俭。一个毫无头脑的人，就像一个野人一样，把他的全部收入都花光，根本不为未来作打算，不会考虑到艰难时日的需要或考虑那些得依靠他的帮助的人们的呼吁。而一个明智的人则会为未来打算。

可能生活得太紧张了，你的生活也完全超出了你的财力。这种生活的代价是你花掉了你所有的收入，最后连生命本身也为此搭进去。

所以你需要节省每一项不必要的开销，避免任何奢侈浪费的生活方式。一项购买交易如果是多余的，无论其价格多么低，它也是昂贵的。细微的开支汇聚起来可能是一笔巨大的花费！

贫穷，不仅剥夺一个人乐善好施的权利，而且在你面对本可以通过各种德行来避免的肉体和精神的邪恶的诱惑时，变得无力抵抗。不要轻易向任何人借债消费，下定决心摆脱贫困。无论你拥有什么，消费的时候都不能倾其所有。贫困是人类幸福的大敌。它毫无疑问地破坏自由，并且，使一些美德难以实现，使另一些美德成为空谈。

伴随着每一项节俭的努力而来的是做人的尊严。它表现为自我克制，增强品格的力量。它会产生一种自我管理良好的心态。

有些人可能会说："我没法做到这点。"但是，每个人都有能力做某些事情。"没法做"是一个人走向堕落的征兆。事实上，没有任何谎言比"不能"更可笑的了。

一个人若想行事公正，他就不仅应当为自己好好打算，也应当顾及对别人的责任。

你应该乐善好施。你可以生活得庄重而节俭。你能够为不幸的日子事先做好准备。你可以阅读好书，聆听明智的教诲，接受最圣洁影响的熏陶。

即使一个最健康、最身强力壮的人也会被突如其来的偶发事件或疾病给击倒。

如果一个人的人生目标主要是生产布匹、丝绸、棉花、五金器具、玩具和瓷器；在最便宜的商店收购它们，在最贵的商店卖掉它们；耕耘土地，种植谷物，喂养牲畜；只为金钱的利息而活，囤积居奇，待价而沽。如果你的生活目标仅限于此，那你就该反省自己的做法。但是，难道这就是人生的目的吗？难道除了肌肉组织外，你就没有才能、情感和同情心吗？难道除了嘴巴和脊梁的要求外，你就没有心灵的要求吗？难道除了肠胃之外就没有灵魂吗？

单单是金钱绝不是繁荣的标志。一个人的本性和没有繁荣的时候没有什么差别。让一个没有受过教育的、劳累过度的人的收入翻一倍，你猜结果会是什么呢？除了大吃大喝，没有别的结果。

你应该在衣丰食足的美好时期里为将来有可能降临到自己身上的，谁也无法避免的坏日子做些准备；你应该为免于将来的赤贫匮乏而积攒储备一些东西，就像枯水期修好防洪堤一样，并坚信哪怕是点滴的积累都有可能在自己年老时能派上大用场，既维持老年生活，维护自尊，又能增进他们的个人舒适和社会的健康。节俭绝不是与贪婪、高利贷、吝啬和自私同流合污的行为。

> "不是为了要将它藏入金库，
> 也不是为了要有仆人服务——
> 只是为了独立的人格尊严
> 和不受别人的奴役之苦"。

2. 不要入不敷出

如今有的人不再满足于靠诚实和勤奋挣钱了，而是希望突然暴富起来——不管是通过投机、赌博，还是诈骗。

你可以在大街上、公园中、酒吧里到处看到奢侈现象。衣着的奢华只是奢侈的表现之一，挥霍浪费在社会生活中屡见不鲜。人们过着超过他们负担能力的高消费生活，其后果可以在商业失败中、破产清单上和审判罪犯的法庭上看到。在法庭上，生意人常常被指控犯有不诚实和欺诈的罪行。

外表一定要有派头，人一定要看上去有钱。那些一心想取得别人信任的人很容易地装出有实力的样子。人们现在一定要生活得"有档次"，住漂亮的房子，吃精美的食品，喝高档的葡萄酒，并有华丽的车马。

另有一类奢侈的人，虽然不靠欺诈生活，但也徘徊在欺诈的边缘上。他们有自己挣钱的手段，但消费往往超过收入。他们希望自己成为"受人尊敬的人。"他们信奉的是一个有害的格言："一定要和其他人一样生活。"他们不考虑自己能不能负担得起目前的生活，而是为了在别人面前保持面子必须要这样生活。这么做的结果是牺牲了自己的自尊。他们看重衣着、家庭设施、生活方式和追求时尚，把这些看成受人尊敬的标志。他们精心策划自己在世人面前出现的形象，虽然这可能是彻底的伪善和虚假。

但是他们决不能显得寒酸！他们必须用各种方法努力掩盖他们的贫穷。他们在把钱挣到手之前就先花掉了——欠了杂货店老板、面包坊、服饰商、卖肉的屠夫一屁股债务。他们必须像有钱的店主一样款待同样追求时尚的"朋友"。可是，当不幸袭来，债务再也拖不下去的时候，谁还是他的"朋友"呢？他们躲得远远的，只剩下这个无依无靠的人在债务中挣扎！

什么是"通过交际联络感情"？它根本不能提高一个人的社会地位，甚至在生意场上也没有得到帮助。成功主要依靠一个人的品格和他受到的尊敬。如果在尚未成功之前就想先品尝成功的结果，那么八字已有的一撇也会失去，有抱负的人也会掉入债务的贪婪大嘴而无人惋惜。

想成为与自己不同的人，或者拥有他们没有的东西的不安分想法，是一切不道德的根源。

有人打肿脸充胖子，生活水平低下也要做出有派头的样子。他们努力把自己打扮得看起来比实际要更高级些。

为了这个目的，你一定要富，至少看起来像富人。因此，你为追求时尚而奋斗，为外表的富裕而努力，为过中上等人的生活而急起猛进、沾沾自喜、得意扬扬。

这样的例子还很多：那些"令人尊敬的人"从一种奢侈走向另一种奢侈，肆无忌惮地挥霍着不属于他们的财富，为的是维持他们远扬的"名声"，并在崇拜者面前大出风头；而这一切突然像泡沫一样破灭了，最终是破产和毁灭。

为奢侈而背负债务是多么不理智的举动！你购买精美的物品——比你能负担的价位的货要更好，你因此要用6~12个月去偿还贷款！这是店主的花招儿，而你欣然中计。你太缺乏依靠自己生活的骨气，而一定要依靠别人。

当诱惑摆在面前时，果断地马上说"不"。"不行，我负担不起。"许多人没有道德勇气这样做。他们考虑的只是自己的满意，不能实践否定自我。他们屈服、让步于"自我享受"。而结果往往是贪污、诈骗和毁灭。社会对这种情况的判决是什么呢？"这个人的享受超过了他的支付能力"。而以前受他款待的那些人没有一个人会感谢他，没有一个人会可怜他，也没有一个人会帮助他。

这种人是除了他自己之外，是所有人的"朋友"。他最大的敌人就是他自己。他很快把自己的钱花完，就找到朋友要求借钱或做贷款的担保。当他把最后一分钱花光的时候就死了，留下的却是十足愚蠢的名声。

他的人生指导原则似乎是对每个人有求必应。究竟是他一定要和别人同呼吸共命运，还是害怕得罪别人，这不得而知。

只要他打开钱包，朋友就无穷无尽。他到处做调节人——是每一个人的保证人。

他是每个有需求的家伙都能来捞一把的口袋，是每一个口渴的人都能接水喝的水龙头，是每个饿狗都能啃一口的腌肉，是每个无赖想骑就骑的驴子，是一个给除了自己之外所有人磨面的磨坊，简而言之，是个一生也说不出个"不"字的"好心人"。

如果一个人想要平和、顺利，那么他应当在合适的时候说"不"。许多人就毁于不能说或者没有说"不"。

一个人如果不量入为出，那么就会直到一无所有，在负债累累中死去，"社会"将在他进入坟墓后还继续控制着他。他必须像"祭祖"要求的那样下葬，举办一个时兴的葬礼。

在这个时代改变这种风俗是很困难的。你可能急于去改变，但通常会有这么几个问题："别人会有什么反应？""社会会有什么反应？"你会不情愿地退回来，成为像你的邻居一样的胆小鬼。怎么样？该醒醒了吧！勇敢些，先承认自己是一个平民，等到有一天成为富翁，你会欣喜你的勇敢。从不要入不敷出做起。

3. 任何时候都要节约

钢铁大王卡内基就曾说过："密切注意成本，你就不用担心利润。"在他的一生中，从未为利润担心过，因为他最注重的就是节约成本，省却每一笔不必要的开支。卡内基在商海中纵横一生，他从来没有忘记节约，一辈子坚持最低成本原则。

19世纪50年代，成本会计制开始在美国铁路公司中最大的宾夕法尼亚公司实行。这种会计制度能保持准确的记录以便在经营、投资及人事等方面做出决策，核算成本耗费和收入情况，以便判明是否盈利。

卡内基是一个有心人，他认识到这一方法是做生意的一条最基本的要诀，于是，在宾夕法尼亚的7年中，他学习并熟练掌握了成本核算知识。

在他后来从事钢铁业中，成本会计知识得到了最大限度的运用，他也因此获得了大量的利润。在生产中，他灵活地运用成本会计知识，处处以最低成本来衡量，使卡内基钢铁厂获得了不菲的利润，生产效益也得到了大大提高。他的工厂生产第一吨钢的成本是56美元，到1990年时降为11.5美元（这年年利润为4000万美元）。这一切都归功于他那"密切注意成本，就不用担心利润"的经营哲学。

为了降低成本，卡内基可以说是不择手段，不放过任何一个可以节约的机会。卡内基的努力效果是明显的，正是由于他掌握了这一原则，才使他在钢铁业中超过众多同行，获得"钢铁大王"的美称。

前文所谈的奥运会功臣尤伯罗斯，虽然他在"开源"这一环节为奥运会增加5亿美元收入，但对于"节流"他同样毫不手软：那届奥运村的建设利用了加州大学洛杉矶分校和南加州大学暑假期的学生宿舍，23个比赛地除游泳、射击和自行车赛场新建外，其余全是旧地翻新的；游泳场建成露天的，交通工具是借来的大轿车；所需器材大多是靠各国企业的赞助和捐赠，就连为奥运会服务的5万工作人员有一半是不领薪水的自愿参加者。尤伯罗斯就是从开源和节流两个方面着眼，创造了震惊世界的奇迹。

（1）降低管理费

福特公司总经理李·艾柯卡在他的自传中说："多挣钱的方法只有两个：不是多卖，就是降低管理费。"

节约成本开支和降低产品售价，这是提高竞争力和改善经营效益的关键所在。艾柯卡在福特公司和克莱勒公司都非常重视降低成本。减少开支也是他经营成功的秘诀所在。

艾柯卡刚担任福特公司总经理时，第一件要办的事就是召开高级经理会议，确定降低成本的计划。他提出了"4个5000万"和"不赔钱"计划。

"4个5000万"也就是在抓住时机、减少生产混乱、降低设计成本和改革旧式经营方法四个方面，争取各减5000万美元管理费。

以前工厂每年准备转产时，都要花两个星期的时间，而这期间大多数工人和机器都闲着。这不仅构成人力和物力的浪费，而且长期如此，这也是一笔可观的损失。

艾柯卡想，如果更好地利用电脑和更周密地计划，过渡期可以从两星期减为一星期。过3年后，福特公司就能利用一个周末的时间做好转产准备，这一速度在汽车行业是旷古未有的，为公司每年减少了几百万的成本开支。

3年后，艾柯卡实现了"4个5000万"的目标，公司利润增加2亿美元，也就是在不多卖一辆车的情况下，就增加了40%的利润。

一般的大公司，都有几十项业务是赔钱的，或者说赚钱很少，福特公司也如此。艾柯卡对汽车公司的每项业务都是用利润率来衡量的。他认为每个分厂的经理都应该心中有数：他的厂是在给公司赚钱呢，还是他造的部件成本比外购还贵使公司亏损？

所以，他宣布：给每个经理3年时间，要是他的部门还不能赚钱，那就只好把它卖出去算了。

到了20世纪70年代初，艾柯卡甩掉了将近20个赔钱部门，其中有一个是生产洗衣机设备的，办厂几年，没有赚过一分钱。这就是艾柯卡的"不赔钱"计划，他通过这种办法尽量减少公司负担，节约原材料、劳动力和机器设备，使公司的相对利润急剧上升。艾柯卡也因此得到了众多员工们的一致好评。

"不赔钱"计划实行了两年，该卖的工厂都卖掉了，为公司收回了不少资金，也在很大程度上降低了成本。

在克莱斯勒公司，艾柯卡在其他管理人员的帮助下，裁人减薪，减少劳务成本，并以此为基础，双管齐下：改善库存管理、改变采购办法。

他大胆地引进日本"丰田无库存生产"的库存管理技术，取代原来的"以防万一"大量库存的制度；采用"基本部件一体化，车型品种多样化"的产品策略，将产品零配件由7万多种减少为不到1万种，进一步减少了进货与库存，节约了大量管理费用；废止将产品存放在公司的"销售银行"待机而售的制度，实行与销售商订货生产的新制度，改变了产品库存的局面。经过上述改革，克莱斯勒公司的年库存额由21亿美元下降至12亿美元，管理费用也大大下降，为公司节约了一大笔资金。

艾柯卡还从多方面强化成本核算，尽量降低成本。自产零部件如果比外购贵，就依靠外购；进口零部件较贵的，就不依赖进口而自己生产；各工种的成本预算，必须与同行业中的低成本作比较，而不能"按需编制"。这一切都有效地降低了成本。使企业在竞争中立于不败之地。

（2）降低经营成本

霍华·休斯曾被喻为美国"飞机大王"，曾是控制美国十大财团之一的老板，他是美国环球航空公司的董事长。

有关这位大富豪的创业过程，是充满曲折和神秘色彩的，并非三言两语能说清的，这里只选一件小事：

有一次，霍华·休斯开车往飞机场去，车上还有另一位美国富豪福斯先生。他们边开车边谈生意。福斯在滔滔不绝地谈起一宗2300万美元的大生意，他说要设法做成它。休斯听了福斯的话，似有所悟，立即把车靠边停下，赶着往路旁的一间药店走去。

福斯不知怎么一回事，只好在车上坐着等候。一会儿，休斯回来了，福斯困惑不解地问休斯干什么去了。

"打电话，"他说，"我把我在环球航空公司（他自己拥有的公司）的那张票退掉。因为我要陪您乘另一班机。"他答完后又说起福斯所说的那宗2300万美元生意的事。

福斯笑着说："我们正在谈着2300万美元的大生意，而您却为了节省150美元的机票把我放下去打电话了，这么急停下来差点要把我们撞死了。"

休斯却认真地回答："这2300万美元的大生意能否成功还是个问题呢，但节省150美元却是实实在在的现款。"

"一鸟在手胜过两鸟在林"，这正是休斯的经营思想，这是他的稳当实在制胜之道。他认为，既然2300万美元也是由若干个150美元组成的，那么，就没有理由因2300万美元可能到手而放弃和浪费150美元。他认为那种崇尚"小钱不出大钱不入"的说法不全对。其实，注重效益，不该花的钱一分不花，正是在竞争中积小胜为大胜的道理。也是稳扎稳打，降低经营成本增加收入的道理。

4. 挥霍浪费是贫穷的根源

有的不幸是自私造成的——或者是出于对增值财富的贪婪，或者是挥霍浪费。增值财富已经成了这个时代巨大的动机和热情。绝对贫困的人是不会存在的，只要人们能够适度节俭或稍有远见，他们就无须为度过失业、生病等临时的困难而把自己置于尴尬之境。一个码头工人，在他年轻力壮和没有成家的时候，完全可以把他一周工资的一半攒下来，而且这种人几乎可以肯定不会失业。

节约几乎是每个男人都能做到的事，即使他们生活在社会的最底层也能做到。如果节约成为一种普遍时尚的话，那么，这个城市的贫困和疾病就会保持在一个可以控制的范围之内了。

因此，一个能干的工人，除非他在节俭方面养成了好的习惯，否则，他们生活要求不会高于肉体的需要。他收入的增长仅仅能够满足他的畸形消费愿望的膨胀。

在经济景气时，有的人日日笙歌，狂欢作乐，一旦情况逆转，他们就"傻眼"了。他们的工资，用他们自己的话说，是"小管子进，大管子出"。当经济繁荣结束，他们被解雇时，就只能靠运气和上帝的保佑来生活了。

男人们容易被引导到痛苦的路上去，他们中的不少人是心甘情愿和自愿负责的——其结果就是虚度光阴、挥霍浪费、自我放纵、行为不端。因为大多数人所受的苦而去责备别人，比责备自己更容易被这些人的自尊心所接受。非常清楚的是，那些生活一天到晚没有计划的人，缺乏条理的人，没有事先考虑的人——他们花掉了自己的全部收入，没有为将来留下任何积蓄——正在为今后的痛苦种下苦果。一切只为了今天必然会损害将来。一个信奉"只管今天吃好喝好，哪管明天是否去死"的人，会有什么希望呢?

要省钱，也要会花钱

在美国，只有4.9%的家庭有100万美元以上的净资产。许多人的收入应该使他们步入百万富翁的行列，但是他们住在豪宅中，缺乏基本的理财技巧。他们有巨大的收入、巨大的房子和巨大的负债，但几乎没有净资产。他们擅长于准备贷款申请书，而大多数申请书又都不要求填写净资产的真实情况。与他们形成鲜明对照的是那些有心计的富翁们，这些人时刻关注资产的增加。他们的资产远远超出他们的负债。他们几乎没有或根本就没有还不清的债务。

迄今为止，包括美国在内的各国学校里仍没有真正开设有关"金钱"的基础课程。学校教育只专注于学术知识和专业技能的教育和培养，却忽视了理财技能的培训。这也解释了为何众多精明的银行家、医生和会计师们在学校时成绩优异，可一辈子还是要为财务问题伤神；国家岌岌可危的债务问题在很大程度上也应归因于那些做出财务决策的政治家和政府官员们，他们中有些人虽然受过高等教育，但却很少甚至几乎没有接受过财务方面的必要培训。

由于学生们没有获得财务技能就离开了学校，成千上万受过教育的人追求到了职业上的成功，却最终发现他们仍在财务问题中挣扎。他们努力工作，但并无进展，他们所受的教育不是如何挣钱，而是如何花钱，这产生了所谓的理财态度——挣了钱后该怎么办？怎样防止别人从你手中拿走钱？你能多长时间拥有这些钱？你如何让钱为你工作？大多数人不明白为什么他们会身处财务困境，因为他们不明白如何支配金钱。一个人可能受过高等教育而且事业成功，但也可能是财务上的文盲。这种人往往比需要的更为努力地工作，因为他们知道应该如何努力工作，但却不知道如何让钱为他们工作。

此外，一夜致富往往更容易使人惊慌失措，难以适应。彩券的大赢家怎样调适心理？和震惊、狂喜、自由等感觉同来的，往往不是那么快乐的感受和经验。正如一位英国作家所说："实现了愿望的人，要比未实现的人流更多的泪。"

听听买彩券中了60万美元大奖的罗丝是怎么说的吧："人性本恶，一点儿都不错！以前我不知道人可以这么卑鄙。我完全没想到，生命会变得这么悲惨。我的厄运开始于报纸把我的住址登出来那天。大街上到处是心怀不轨的坏蛋，我想做个虔诚的教徒，也希望恢复以前的生活秩序。我对这笔天降之财感到恐惧和不安。包括工作、邻居和家人。除了离开，我没有第二条路可走。"

一位百万美元彩金得主说："我换了两次电话号码，总有莫名其妙的电话打进来，或有人敲我的门。有一天，居然在凌晨4点电铃大作，而我知道门外肯定不是我的朋友。我也接到过各种千奇百怪的信，有人要我捐款支持飞碟研究，有人要求代缴保释金，甚至有人从狱中来信，信上高呼'我是冤枉的'。我被一个密密的大网罩住，这样过了8个月，最后我下定决心要挣脱出来。"

中了大奖以后的调适期充满压力，而新的生活方式又是如此陌生。英国一项对191位彩券大奖得主进行的抽样调查发现70%的"幸运者"在辞掉工作、搬家后，觉得比以前寂寞——这一切都是因为他们中了巨额奖金。

当然，一夜致富并不必然带来烦恼。一项通过对22位彩券中奖人进行的调查发现，他们的快乐程度与一般人无异。

一位因写一本书赚了77万美元的作家说："我买了一幢别墅，有紫檀木墙壁和桃木地板，这是我一直梦想的美丽家园。此外，我把那部65年的老福特扔了，换了一部全新的奔驰。我原先以为，有了很多很多钱以后，自己就会成天躺着不做事，只管理财和花钱。可是，我的工作习惯已经根深蒂固。上次我到夏威夷度蜜月，原计划停留两个星期，结果一个礼拜以后，我就寂寞难耐，想回到打字机前工作。"

娱乐界人士，特别是演员，钱财常常来得很快、去得也快。一位演员成名后表示："我赚多少花多少。星海浮沉，没有人能够永远走红，所以我选择及时行乐。"

"小时候，我曾经是富家少爷；但天有不测风云，后来我和哥哥们都沦为街上的擦鞋童。因此我早就看透人生，繁华不过是过眼云烟，靠不住的，不如及时行乐。"

阿泰利公司董事长、电动玩具的发明人对赚得财富与个人满足间的关系看法如下："成功，是那种一旦你得到了，就开始觉得无趣的东西。它对我生活造成的主要改变，是让我变得比较没有时间自娱。在发明出电动玩具和建立这家公司以前，我是个月薪1000美元的工程师，最大的希望是有一天拥有25万美元，当作投资本钱，然后就什么事都不做，云游四海以度余生。我现在的财产已经远超过当初的目标，可以随心所欲做想做的事，照理说，应该是实现夙愿的时候了。但我却打消了这些念头，因为工作实在有太多的乐趣。我每天在办公室待12个小时或14个小时，乐此不疲。迎接新的挑战，跟一群有趣的人，做许多有趣的事，思考、判断和下决心，让事情按自己的想法完成。喔，我爱我的工作！最让我惊讶的，是可以花钱的地方那么有限。我买了一辆摩托车、一艘船和一套高保真音响。如果说还有什么特别的，就是收集游乐器材了。我有许多古董棋盘、棋子和古董弹球机，我专门有一个房间放这些数量不断增加的游乐器材。"

因此，理财的宗旨不只是纯粹的赚钱，手段当然也不仅限于各种开辟财源的方式。会赚钱之余，懂得如何花钱更是重要的一环。怎么才能做到"会花钱"呢？

1. 养成做预算的习惯

编制预算应视为个人日常生活计划的一环，比如，年内大型休闲旅游计划或一周内购物金额，花费多少都与你的生活计划和质量有关。

预算的编制也应注重实际可行性和弹性。比方说，如果每天三餐中固定一餐必须在外头吃，买一盒七八元的盒饭或上一趟小馆子，或吃一顿西式快餐，就有很大差别。但是也不宜把预算定得死死的，万一同事、朋友起哄要你请客，或者是碰到好朋友生日，你临时想起，超支也是不可避免的。因此，预算应有某种程度的弹性。

其次，预算的编制也要注意意外的开销。例如，医药费，或好朋友临时资金，虽然金额大小难定，但应在能力范围内列入意外开销，以免到了月底捉襟见肘。

除了个人的预算之外，如果你是一家之主，整个家庭的预算也应有所计划。通常整个家庭的预算以年、月为单位编制比较合适，不必太细碎烦琐。

预算虽然不一定百分之百地被执行，毕竟预算不是用来绑死你钱包的工具；但是预算订了，并不表示已经达到节流。计划性消费的目的，如果你每个月花费超过或低于预算的20%~30%，就应该仔细评估一下你的预算是否编制得太宽松或太紧凑，逐步修正。

当然，修正预算不能成为你恣意消费的借口，否则就达不到预算的节流功能了。

2. 详细记账

每日记账才能落实预算的编制。不论平时家居或出门旅游，都不能忽略记账的重要性。有账目可查，预算才可能有效控制。

编制预算只是"节流"的构想，执行是否彻底应从每日、每月的记账本上自我检查。编了预算，势必要按实情记账，否则预算就失去了意义。记账的方式毋庸赘言，市面上记账簿的样式有很多种类，主要内容不外乎收入、支出、项目、金额和总计等五项。

另外一种简便的记账方式是保存购物的收据、发票以及一些其他的购物凭证。除了搭车、上小饭馆等，大部分商店都会把收据、发票给顾客。许多人习惯随手丢弃或只是用来兑奖，其实发票计账最为省事方便。只是发票上通常只有金额，而没有项目，如果你要详细记账，分类标明支出，就必须另外整理。

3. 钱要用在到"刀刃"上

谁都愿意少花钱多办事。花费同样多的钱，如果设计得当，就可以获得额外收益。额外收益越多，钱当然花得越值。

把钱花到点子上，就要注意几个效益：

（1）边际效益

人们消费每一单位商品时，所带来的效用或满足感是不同的。比如，一个人吃蛋糕，吃第一块时感觉到香甜可口，心里特别满足；吃第二块时也感到不错；但吃第三块时可能就饱了，不想再吃了。因此，在进行消费决策时，应把几块蛋糕的开支分散到其他需求上去。比如，吃两块蛋糕，再看一场电影或买一本杂志等。花钱差不多，但效用大大提高。

（2）感情效益

同样是添置衣物，倘若做父母的能在孩子上学前或生日时，带着孩子一同去选购，那么买回来的就不单是一两样实用的东西，同时也增加了亲子之间的感情。同样的，夫妻在添置家用设备时，若能考虑对方的要求，将对双方感情有极大促进作用。比如，买烟灰缸，女主人就不能以自己的喜好去买，要考虑丈夫用起来是不是方便，丈夫是不是喜欢。夫妻一方外出时，若能惦记着对方的爱好，给对方买回来一些需要或喜欢的纪念品，就会把一次普通的花钱过程变成一次爱的体验，使对方每次接触这件物品时，就会睹物思情，引起美好回忆。同理，如果夫妻双方都主动承担赡养老人的义务，那么，不仅使双方老人老有所养，同时也能在夫妻爱的天平上放上一颗重重的砝码。否则，互不关心对方老人，甚至抱怨、提防对方为父母多寄了钱，结果花了钱还怄气。

（3）时间效益

在生活中，有时你会碰到这样的情况，为了学外语，你想买一台某某牌的收录机，可是一时买不到，等过了很久好不容易买到时，已经耽误了相当长一段学习的时间。或者，一位亲友病重想吃某种新上市的水果，你为了省钱，想再过几天再买。不料，病人竟在你等待水果降价期间，与世长辞了。这样的事，可能会给你带来终生的遗憾。虽然想省点儿钱，结果却带来了无可挽回的损失，所以，该花的钱别犹豫，这也是把钱花在点子上的内容之一。

4. 花钱也是省钱

用花钱的办法省钱，这听起来可笑，不是吗？但这却是千真万确的。以道路不好和交通堵塞为例，不知道有没有人曾经计算过，由于道路不好和交通堵塞，多消耗的油料费用、多付的车辆维修费用、浪费的时间的价值和神经紧张的代价，把这些加在一起共值多少钱？这都是非常真实的开销，加在一起一定是个很大的数目。现在用于改善道路和建设立交桥等设施的钱，甚至不出一两年就能收回来。

（1）最便宜的往往是花费最大的。购置昂贵的锻造压力机，比起购置锻锤来，初始费用可能高得多，但如果考虑到它能大大提高生产能力，提高最终产品的质量，你会发现，从长远看，最初的巨大花费反而使最终产品更便宜了。

为什么自动设备的制造业成了世界上最大的工业之一？并不是因为人们的特别喜爱，而是因为自动设备意味着更大的生产能力、更低的成本和更好的质量。

降低成本并不意味着不管三七二十一地削减开销。以计算机为例，它的价格很高，在使用的最初几年是很难回收成本的，但通过它所带来的良好的服务、更好地协调和效率提高等实际价值，不费力地就能收回成本。

（2）优质能得益。人们发现好的条件（如清洁、整齐、安排得当的车间和办公室）能提高工作效率。创造这些条件的额外开销会带来许多倍于原来开销的收益。

人们往往受到买便宜东西的强烈诱惑，但对所购买的东西是否做过全面考虑呢？是否会发生因机器损坏而引起的严重生产损失？所买设备是否合乎标准化的要求？是否会因缺少必需的备件而导致费时费钱的拖延？总之，最经济的并不总是最便宜的，应该考虑到情况的方方面面。

明智的经理们力图找出用花钱来省钱的方法，具体说就是增加一些额外的开销来取得未来更大的收益。增加的开销可能引起产品质量的提高，这意味着销售额提高；增加的开销可能有助于减少机器的损坏，这样可以节省维护费用，还可提高产量；增加的开销还可能提高员工的工作速度，减少失误和神经的紧张程度。后两者是不能用金钱衡量的重要因素。

理财必不可少

古人云："大富由天，小富由俭"。长辈也总是教导我们要勤俭持家，因为致富不外乎开源节流。然而，在此我们要传达一个重要的观念：开源节流固然重要，理财更重要。

设想一下，假如你要挣到1亿元（只是设想），那么在1亿元的财富之中，究竟有多少钱是由勤俭、开源节流而来？假设从你的工资中一年存1.4万元，那么40年共存入56万元，约占1亿元的5%，而95%的财富都经由投资理财而来，也就是用钱赚钱的方式而来的，每年20%的报酬率，经过40年利滚利赚来的。因此，一生能积累多少钱，不是取决于你赚了多少钱，面是你如何理财。

如果一位上班族到年老时，发现自己的财富，大多是自己一生吃苦耐劳、省吃俭用所赚来省来的，那么几乎可以肯定，他一定不会很有钱。利用理财积累财富之道，不在于"开源节流"的能力，而在于是否能充分发挥"以钱赚钱的复利力"。对多数人而言，要改善财务状况的当务之急，不是加强开源节流，而是应加强投资理财。

可是，大家是否认真想过，单靠开源节流不靠理财的话，一年即使储蓄100万元，也必须在100年后才能积累到1亿元。可见，靠储蓄要成为富翁，是很难成功的。

对于善于理财者而言，一生的财富主要是靠"以钱赚钱"积累起来的，而不是省来的。因此，你除了勤俭之外，更要学习如何投资理财。

理财，简言之就是"处理钱财"，只要有钱，不管多少，能够合理运用和处理，就称之为理财。

人与人不同，每一个人的理财方式也各不相同，从而便导致了不同的境遇。有的人理财较好，有的人理财糊里糊涂，甚至很盲目。

许多孜孜不倦工作，每日为钱辛苦、为钱奔忙的上班族，都曾有过共同的经验，眼看着富人穿高级服饰、住豪华别墅、开名贵轿车，威风八面，令人羡慕不已。然而在欣羡之余，你可曾想过："是什么因素使得他们能够富有，而我却没有？"

不少人将这些富人致富的原因，直接归于他们生来富有、创业成功、比别人聪明、比别人努力或是比别人幸运。但是，家世、创业、聪明、努力与运气，并无法解释所有致富的原因。但不少有钱人家，也不是什么大生意人，他们不见得很聪明，并没有受过什么高等教育，也没有比我们勤俭，甚至不少暴发户整天游手好闲，他们唯一比你强的，似乎只是他很有钱。

一份研究报告指出，近几年社会大众认为国内贫富差距的问题非常严重，有两极分化的趋势。有47%以上的被采访者认为"炒作股票或房地产"是贫富差距拉大的主因；其次是"个人工作能力与努力"（14%）；第三是"家庭庇荫"（39%）。

的确造成贫富差距扩大的主因是"股票与房地产"，至于"个人工作能力与努力"与上一代"家庭庇荫"影响并不大。一般人习惯将自己受害的原因归咎于外在的因素，例如，制度、运气、机会等，或者用负面的说辞"炒作"，来解释自己没有作为的原因。有钱的人大多是因为投资房地产或股票而致富，而造成财富增加的主因是因为"拥有适当的投资标的"（如投资房地产或股票），并非"炒作"而来。

到底那些富人拥有什么特殊技能，是那些天天省吃俭用、日日勤奋工作的上班族所欠缺的呢？他们何以能在一生中积累如此巨大的财富呢？这正是许多人极欲探寻的问题。用家世、创业、职业、学历、智商及努力程度等因素来解释他们致富的原因，似乎都是失败的。最后发现一个众人所忽略但却极为重要的原因，那就是：投资理财的能力。

1. 理财的范畴

理财的范畴，包括以下四个方面。

（1）确定合理支出

所谓合理支出，指的是：

·固定的开支

包括：每月的房屋租金或物业管理费、水电费（按每月基本用量计）、煤气费（按每月基本用量计）、电话费（按每月基本用量计）、取暖费（平均每月用量）、贷款偿还（每月平均数）等。

·非固定开支

包括：食物（每月平均）、家庭生活用品（每月平均）、家庭佣工（每月平均）、个人开销（每月平均卫生清洁费用）、衣物被褥（每月平均）、交通费用支出（每月平均）、家具、设备等（每月平均）、医疗费用（每月平均）、娱乐消遣（每月平均）、交际费用（每月平均）、书报费（每月平均）、储蓄（每月平均）和其他支出（每月平均）。

在这里，我们使用了固定支出这一专用名词，但即使是"固定"的，也仍然有可能是变化的。固定支出包括一些基本的决定，在这个意义上说，这些基本决定为其他的财务计划打下了基础，而且，这也是实行财务控制所必需的步骤。

一个人大部分固定支出，在回答下面三个问题之后，都可以被确定下来：

①你应该购买还是应该租赁一套住宅?

②你应该拥有多少人寿保险?

③在什么情况下，你应该借或是买某件东西?

对许多家庭来说，有时租借住宅，有时则自行购买。无论租借还是购买，两者各有利弊。这要根据你的具体情况灵活决定。

（2）钱要花在事业上

一个满怀雄心壮志的人，应该为增加自己的成功机会而慷慨地花钱。在获得一定程度的成功之前，他在满足个人享乐方面的开销，应该像个守财奴似的小气。

这就意味着，他应该尽可能优先考虑摆在他面前的这类开支，例如，参加一个自我提高课程的学习，加入一个有利于自己事业发展的俱乐部，等等。而对另一类花费，如夜生活、赛车、快艇，等等，则应该十分吝啬。如果他首先考虑满足事业上的需要，那么，其他方面的生活内容也将逐渐丰富起来。

这个有关花钱的忠告，不仅对那些在企业中刚刚准备起步的人，而且对那些事业已经很顺利的人都有指导意义。一个真正希望成功的人，如果他把自己的时间和精力耗费在对他的事业毫无助益的消遣上，那是愚蠢的。那些已经成功的人之所以成功，是因为他们把事业摆在首位。

（3）常备应急储蓄

随着一个人年龄的增长，他对家庭所负的责任也逐渐加重。家庭日益增加的吃用、医疗、娱乐、交通和接受教育等各方面的开支，都要靠他的收入来满足。他所拟订的最合适的家庭收支计划，可能被一次未曾预料到的突发事故所损害，甚至被永久地毁灭掉。即使他为了防止意外事故给自己做了部分保险，也会因为对飞来的横祸毫无准备而摔倒。因此，对任何一个人来说，都需要应急储蓄，就像一个企业公司，为意外开销或负债而保持一定的储蓄一样。

（4）为未来投资

一位成功的企业家曾对资金做过生动的比喻："资金对于企业如同血液与人体，血液循环欠佳导致人体机理失调，资金运用不灵造成经营不善。如何保持充分的资金并灵活运用，是经营者不能不注意的事。"这话既显示出这位企业家的高财商，又说明了资金运动加速创富的深刻道理。

有的私营公司老板，初涉商场比较顺利地赚到一笔钱，就想打退堂鼓，或把这一收益赶紧投资到家庭建设之中，或把钱存到银行吃利息，或一味地等靠稳妥生意，避免竞争带来的风险；而不想把已赢得的利润投资做生意再去赚钱，更不想投资到带有很大风险性的房地产、股票生意之中，从而造成把本来可以活起来的资金封死了，不能发挥更大的作用。

其实，经营者最初不管赚到多少钱，都应该明白俗话中所讲的"家有资财万贯，不如经商开店""死水怕用勺子舀"这个道理。生活中人们都有这样的感觉，钱再多也不够花。为什么？因为"坐吃"必然带来"山空"。试想，一个雪球，放在雪地上不动，只能是越来越小；相反，如果把它滚起来，就会越来越大。钱财亦是如此，只有流通起来才能赚取更多的利润。正所谓"钱财滚进门"。

有这样一个故事：从前，有一个爱钱的人，他把自己所有的财产变卖以后，换成一大块金子，埋在墙根下，每天晚上，他都要把金子挖出来，爱抚一番。后来有个邻居发现了他的秘密，偷偷地把金子挖走了。当那人晚上再掘开地皮的时候，金子已经不见了，他伤心地哭了起来。有人见他如此悲伤，问清原因以后劝道："你有什么可伤心的呢？把金子埋起来，它也成了无用的废物，你找一块石头放在那儿，就把它当成金块，不也是一样吗？"

现在，大家若从经济学的角度看，这人所劝说的话，是颇有一番道理的。那个藏金块的人是一个爱钱的人，他把金块当作富有的标志，忘记了作为"钱"的黄金只有在进行商品交换时才产生价值，只有在周转中才产生价值。失去了周转，不仅不能增值，而且还失去了存在的价值。那么和埋藏一块石头，确实没有什么区别。如果那个人能够把黄金作为资本，合理加以利用，一定会赚取更多的钱。即便一个公司老板手中有一定数额的资金，但他从思想上已不再愿意把钱用来赚钱，不愿意把钱用来周转，那么对于他未来的事业来说，就像是人体有了充分的血液，但心脏已坏死，不再能够促进血液循环一样，他的事业也会静止不动而死亡。

资金只有在不断反复运动中才能发挥其增值的作用。经营者把钱拿到手中，或存起来，或纳入流通领域，情况则大不相同。经营者完全可以把钱用来办工厂、开商店、买债券和买股票，等等，把"死钱"变成"活钱"，让它在流通中为你增利。其实，看过一点儿资本论的人都知道，流通增利的奥妙在于钱财能够创造剩余价值。一个简单的道理，用货币去购买商品，然后再把商品销售出去，这时所得到的货币已经含有了剩余价值，也就是说，原来的货币已经增值了。假若经营者能够出色地管理着自己的工厂，办好自己的公司，看准炒股的时机，让它健康地运作，时间越长久，钱财的雪球便越来越大，经营者手中的钱财也会变作一棵摇钱树。

也许有许多人会反对上述的阐述，他们还是认为储蓄能够使自己的钱财四平八稳地增值。是的，储蓄不是不好，但世上有哪个百万富翁是靠储蓄起家的？在创造财富的过程中，储蓄也扮演了重要角色，这并不是说储蓄的钱重要，而是那份决心，自知才重要，人们千万不要指望你的储蓄会使你致富。

你在投资时，应注意以下问题：

（1）明确地选择为什么而下种

这等于到园艺店去选种子。你若到过园艺店，就知道选种子有多重要。

你不能只说"我想这边种些蔬菜，那边种几种花"。园艺店的人要知道你想的是哪种蔬菜，至于花，不但涉及哪种花，还要看什么颜色。人生亦然，我们有一大堆选择。但是，追根究底，下什么种，就会得到什么植物。

这么做，你会有信心，因为你是依据你自己的体验在播种。

你的理想体重如果是70公斤，而你目前重85公斤，那就为80公斤"下种"。达到80公斤这个目标，再为75公斤而"下种"。

这种渐进过程可以适用于任何目标。

（2）播种要保密

你播种以求什么——以及你播种的所有细节——完全是你和你的对手力量之间的事，别告诉别人。播种要守密，播种是神圣的。

播种有了结果——亦即你的目标清清楚楚达到之后——可以呼朋引伴到府上吃自栽自煮的一餐，以示庆祝。然后，你可以拿这本书给你所有朋友，说："都写在上面，不过，先把这页以前的都读一读。"

（3）照料你的园地

别打扰种子，任它们生长，以肯定与行动来浇灌它们，但也不必3分钟就检查它们的进展。

偶尔，你可能心生疑虑。这时候，加强一下功夫。把目标当成一项肯定来陈述，对自己说个几百遍。或者，也可以为那个目标制作一幅宝藏图。也许该进入你的圣所，穿上与那个目标有关的能力装，或者为你的录像机下些功夫。此外，和你的大师闲聊，也许能解除疑虑。

（4）做必要的工作

一如土壤需要耕耘，你的种苗成长之际可能需要——实际上，会需要——你来一点儿身体上的工作。那工作无论是什么，只要它出现，做就是了。

（5）养成记录习惯

一个目标实现了，在你的单子上做个验收的记号，不过，要在同一张单子上继续记最新的播种。时间过去，你会有一页又一页的种子。请记住，下种的作用可能有以下两者之一：其一，我们得到我们播种之物——或更好的东西；其二，我们对我的播种之物的欲望可能消失殆尽。如果有一天我们检视我们所播种子的名单，说我不要这一项了，那就把它画掉。

2. 理财三大秘诀

理财需要一定技巧。掌握了以下的秘诀，你理财的本领会大大增加。

（1）控制花费

在花每一分钱之前都要仔细考虑一下这一分钱是否该花，不要让支出超过收入。如果支出超过收入的话，你就应该提高警惕了。

人们常为自己不能得到满足的欲望所困扰。总以为金钱可以解决一切，获得一切，这种思想是不正确的。一个人的时间有限，精力有限，能到达的路程也有限。而欲望是无穷尽的，能满足的却十分少。

我们中很多人已经形成了一种浪费的生活习惯，事实上其中的许多支出是不必要的。我们可以尽力地把支出减少。要把这句话当作格言：花一块钱，就要发挥一块钱百分之百的功效。

把一切必需的开支做个预算，合理的预算能帮你保住已经赚得的金钱。

（2）用钱生钱

投资一定要注意安全可靠，必须能收回成本，同时还可获得一定的利润，这样才叫以钱赚钱。要向有经验的人请教，听从有发财经验的人的劝告。记住：本金有保障的投资才是第一流的投资，为求高利而损失本金的投资，绝不是聪明的投资，冒险的结果极可能就是损失。所以投资前一定要先仔细研究分析，当确信绝无冒险成分的时候，才可以拿出部分金钱来做资金。不要受急于发财的心理蒙蔽，做毫无所获的投资。

（3）学习理财技能

人须先有欲望然后才能成功。希望必须坚定不移，而且必须具体可行。不坚决的欲望，就会变成没有结果的欲望，因为意志不坚的人向来不会有多大的希望获得成功。一个人如果有赚5块钱的欲望并努力实现这一愿望，当他实现以后又会有赚10块钱的欲望……最终他赚钱的能力就能不断增强。因为赚小钱使他得到赚大钱的发财经验，而且财富是日积月累逐渐形成的。首先储蓄少量金钱，再过一段时间就会变成较大数目的金钱。等到你赚钱的本领增大的时候，你的财富也就随之增大了。

一个人没有钱不重要，收入高低也不重要，影响一个人未来财富之多寡，重要的是有没有开始理财。尽管这项工作并不轻松，但绝对值得你去做！

"钱途"需要慧眼识

想赚更多的钱，莫过于选择经商；而经商最大的重点与难点，莫过于不知道把东西卖给谁，认不准对象，没有一个目标明确的消费群，只能眼睁睁地看钱"溜"走。

针对哪一类群体的消费者的生意较为赚钱也较为稳妥呢？以下将一一分析和讲解。

1. 富人

所谓富人，就是在经济条件允许下追求高品质消费的人。高品质的商品大凡是以昂贵的价格来说话的，同类商品因为价格等次不同才显示出它们的高低档次的不同。富人由于手中有较多的钱，所以他们购物较注重商品的档次。高价位是富人消费的真正目标之一。

从以上分析看，那些平日动辄就腰缠万贯出门购物的人，其所及之处大都是宾馆、饭店或高级商厦，因为只有这类地方的商品价位才能满足他们的消费欲望。你若是有意到这类地方开店，你在组织货源中就必须想富人之所想，做富人之所需。事实证明：在高级商店和富人做一笔交易所得到的利润，比在小打小闹的商店磨破嘴皮做好几天生意所得的利润还要可观。既为富也敢露相者，其社交圈自然在常人之上，消费频率和消费种类也就比常人都多。花钱买痛快，这是他们这类人基本一致的消费观。尽管从理论上说钱不是万能的，但在现实中，钱对人所能产生的魔力还是不可低估的。你能了解富人的消费心理的同时也能摆正自己的赚钱心理，你就有能力去赚富人兜里的钱。倘若主客心理都摆不正，别说赚钱是空话，就连成天受气受委屈之类，也够你累的。

2. 女人

女人是市场消费者的主体，这句话不用印证也会得到大多数人的认同。你只要在商场里驻足一个小时便会发现，在镜子面前试来试去不厌其烦的都是女人。女人喜欢逛街和买东西是她们的天性。

日伊高级百货商店就是证实"女人的钱好赚"的最好例子。店主大木良雄开业时，他注意到了一个有趣的现象：百货公司的顾客80%是女人，男人则多半是陪着女人来的。这些女顾客白天来的大部分都是家庭主妇，而下午5点以后来光顾的多是下班的小姐们。他想，要使已婚妇女和未婚小姐产生购买欲，就必须看时间来更换商品，以便迎合她们。于是，白天他就摆上妇女用的衣料、内衣、厨房用品、手艺品、袜子等实用类商品。一过了5点钟，他就将时髦的、充满青春气息的商品摆上货架，以便迎合年轻的女性。光是袜子一类就有数十种色彩。内衣、迷你裙、迷你用品等都排列出年轻女性喜欢的大胆款式和花样，凡是年轻小姐需要的可说应有尽有。

大木良雄又精心关注5点以后的顾客。5点以后来光顾的顾客不仅很多，而且5点以后的一小时内，销售额是日间一小时的两倍，尤其是青年的服装销路最佳。他了解到这种情况后，就倾其全力来销售年轻女性用的流行性服装及用品，当然最重要的是便宜供应。这样，日伊商店的商品既流行又便宜的消息很快传开去，每天吸引成千上万的顾客，使他在半年后又设立了6家分店，三年后他的分店遍布全国，一共有108家。

原来以为女人喜欢去逛街，看到喜欢的东西必买无疑，而上网购物的形式只有懒得逛街的男人才热衷。谁知道看到美国的一项调查资料表明：只要是购物，无论在哪里，以什么形势，都绝对是女人占上风的。在2001年新年假期中，美国上网的人群中，女性人数第一次超过了男性人数；另外，各类上网购物者在网上的消费金额也超过了去年。多年来，男性上网购物者的人数一直高于女性。但据美国一个专门研究互联网对社会各阶层影响的机构的统计，在2001年新年假期，上网购物的女性人数首次超过了男性，所占比例达到58%。调查还显示，女性网民对上网购物的评价高于男性：有37%的女性称她们非常喜欢上网购物；男性方面，这一比例仅为17%。有29%的男性称，他们一点儿也不喜欢上网购物；但女性方面，这一比例仅为15%。如果你是商家，这段数据肯定让你喜笑颜开了，盯住女人，在哪里她们都有把钱扔进你的口袋的可能。

"瞄准女人"，这是犹太人经商的格言。在那些富丽堂皇的高级商场里，那些昂贵的钻石、豪华的礼服、项链、戒指、香水、手提包……无一不是等待着女性顾客的。普通百货公司甚至超级市场所展卖的各种商品，也是以女性产品占绝对统治地位，而且只有女人才关心品牌和新款，商场里的新东西总先打动女人的心。

现代女人的经济独立了，更造就了商家赚女人钱的契机。且不说日常用品，就是好多男式的商品的设计包装也着重取悦女人的审美眼光，因为女人经常代替男士购买或者在购买过程中起决策作用。聪明的商人就是瞄准了这一点，在赚钱上从不轻视女人的作用，赢得巨利。

3. 孩子

除了女人之外，孩子是又一个不容置疑的消费群体，他们没有收入，但却有不可忽视的消费能力。看准孩子的市场，抓住时机，只会赚不会赔。

孩子是一个家庭重点关注的对象，这些"小"人的要求是绝对被重视的。有的家庭大人可以少消费，但花在孩子身上的钱和其他富裕的家庭相差不多。所以聪明的商家只要盯住孩子的兴趣，获取利润绝非难事。

再说"麦当劳"和"肯德基"，那对中国人来说价钱并不算低的美国"垃圾食品"，主要受到了国内孩子的青睐，才如雨后春笋般地越开越旺。经常见到小小孩路还走不稳，但一见到那个巨大"M"或那个戴眼镜老头，就拉着父母的衣襟往里拽。

孩子的商品虽然数量有限，但很容易形成"风"，因为小孩子分辨能力不强，又不在乎什么个性，他们就要求人有我有。孩子又多聚集起来活动，所以极容易互相影响。如果你善于挖掘孩子商品的市场，相信不难在经商的夹缝中求得生存。

"再苦不能苦孩子，再穷不能穷教育"。这是倡导教育的口号，但作为商人，你要能从中嗅出金钱的"味道"。无论孩子大人，无论消费能力是否有限，只要有消费的需求，商人就要能给他们创造条件，抢占市场。

4. 肚子

俗话说："民以食为天。"自古以来，人们参加各种生产劳动的首要目的无非是先解决温饱问题。没有温饱，什么信仰理念全是空话。在温饱问题中，饱又是最最重要的。

人要填饱肚子就得不断地吃，不断地消费，不断地购买食品。因此可以说，肚子是消耗的无底洞。地球上当今有60多亿个"无底洞"，其市场潜力非常的大。为此，犹太商人设法经营凡是能够进入肚子的商品，如开设粮店、食品店、鱼店、肉店、水果店、蔬菜店、餐厅、咖啡馆、酒吧、俱乐部，等等，举不胜举。

一个无法逆变的生理规律告诉我们，凡是进入肚子的东西必然要消化和排泄，不论是为饱餐一顿而大鱼大肉，还是为解口渴而杯饮瓶喝，进入人的肚子几小时后，都会化作废物排泄掉。如此不断地循环消耗，新的需求会不断产生，做食品生意的商人可从经营中不断赚到钱。

日本大阪有个商人，一天他忽发奇想，与美国麦克唐纳德公司合作，向日本人提供价廉物美的肉馅面包。

在筹备开业时，日本的商人都笑话他，认为在习惯于食大米的日本推销肉馅面包，无疑是自找死胡同钻，绝不可能有市场。但他不这么认为，他看到，日本人体质弱，身材矮小，这可能同食大米有关；同时他又看到，美国的肉馅面包店的效应正向全世界发展。基于这两点，该日本商认为，同样是"肚子"的商品，在美国能畅销，在日本为什么不能？再说，按照犹太人的观点，"肚子"生意绝对赚钱。为什么？道理很简单：进入肚子里的东西，必被消化而排泄，一个2元钱的面包，或者一盘10元钱的牛排，经过数小时后，就变成了废弃物而排出。换句话说，人总是需要不断地吸收能量，消耗能量，因此作为有一定能量、人人需要吃的商品，总是不断地被消费。在吃完面包和牛排几小时后，人体内吸收的能量被消耗掉，又需要其他的能量商品来补充。卖出的商品，一般当天就被消化变成废物。如此迅速就得到循环消费的商品，除了"肚子"，还有什么呢？"肚子"只要存在一天，就绝无停止消费的理由，因此不管礼拜天或节假日，它也永不休息，命令主人乖乖地把钱送进商人的钱包。

凭着这种信念，该日本商人的肉馅面包店如期开业，不出所料，开业第一天，顾客爆满，利润还大大超过日本商人原来想象的程度，此后利润日日升高，以至于一连用坏了几台世界最先进的面包机器，还是满足不了顾客的消费要求。结果，该日本商人利用肉馅面包，即利用"肚子"生意成了大富翁。

走出创业开头难

三岁定终生。做生意也同样如此，创业的第一步，直接关系到你未来经营道路的平坦与否。

1. 创业要选择自己熟悉的行业

投资做生意就是为了赚钱，这无须讳言，大家自然都明白。但是如此广阔的商业市场，大赚其钱者在你身边随处可见，不赚钱的人你也能看到大有人在。因此，对经商者来说，要多掌握一些商业知识，它使成功者能更上一层楼，而失败者也可以从中寻找到突破瓶颈的方法。

不熟不做，有意创业，必须优先考虑的行业，就是你原本长期从事的行业，或是相关的行业，或是自己的专业所长。

　　比尔·盖茨就是一个非常明显的例子：他选择了电脑这个他所熟悉的行业，终于成为行业的泰斗。

　　有很多老字号的生意，虽然逐渐多元化，但依然以自己的起家生意为主，在本行业内树立起权威来。例如，我们熟悉的红花油、李锦记蚝油、同仁堂安宫牛黄丸等，当中有些虽然已经走多元化生意路线，但他们的本行仍是生意主力的一部分。对于本行最专注的，就非数香港特区著名的实业家蒋震先生莫属，当很多实业经营者搞投资、炒地皮的时候，他仍然坚持走自己的机械生产业，虽然他没有像很多商界巨富靠转行炒地皮而暴发，但他的生意根基深厚，经得起大风大浪，并且在机械业中声名远扬。

　　本行是你起家和熟悉的行业，只要不是属于黄昏产业，未见式微，就不应该因为见到其他很多赚快钱的机会，而把这个行业放弃，那是自己心血的凝聚，有血有汗，根基扎实，可以作为长久的事业。

　　有些人创业，只求有钱赚，而不考虑自己的本行，样样生意都做，只要有利可图就做，满天麻雀都想抓住，原本已经扎好了根基的本行，因为赚钱不如其他生意那么快、那么多，就轻率处理，把大部分的心力都放在赚快钱的生意上。结果却是东挪西移，导致根基松软，一有风吹草动，貌似强大的商业帝国一夜之间就轰然倒塌。

　　对创业的行当光熟悉还不够，还需要热爱。只有熟悉，才能如鱼得水；只有热爱，才会全身心地投入。

　　亚里士多德曾说：想要成功的人，必须懂得多问问题。

　　如果你希望独自开创一番事业，你需要回答以下几个基本问题：

　　——我的事业能让我感到乐在其中吗？

　　——我的事业方向和我的价值取向一致吗？

　　——这门生意符合我的生活方式吗？

　　瓦葛斯家族是墨西哥市最有名的空中飞人家族，家族数代成员都是空中飞人。大家长亚历山卓描述着他们穿梭于墨西哥丛林及村庄表演的精彩故事，他们一路奔走在泥泞的路上，并将马戏带到最偏远的地区，而村民们在绿色丛林中挥舞着弯刀辟出小径，好让瓦葛斯家族带着狮子大象进来。大多数的村民都没见过大象，更别说是在树林间欣赏到这么神奇的马戏家族，可以不用任何安全网就能表演神乎其神的空中飞人。

亚历山卓的幼子及幼女每晚都练习空中飞人的技巧，他们很快也能加入演出的行列。亚历山卓的姊妹玛利秋拉与他搭档演出空中飞人，同时负责演出服装的设计工作。亚历山卓的老婆罗莉丝掌管生意的大小事项，诸如决定演出日期、争取最佳合约及公共关系都由她负责。罗莉丝说她计划去法学院进修，专攻合约及娱乐法，这对他们的生意将大有帮助。以罗莉丝的精力、热情和驱策力，她必能做得很好。不过表演才是罗莉丝的最爱，而她一有机会也总会回到舞台上。对表演的热爱及家庭价值将瓦葛斯家族紧紧地结合在一起，马戏表演就是他们的生命，而他们确实也专注在自己最爱及最了解的专业上。

如果你痛恨早晨，那么你千万别开面包屋；如果你对草皮过敏，那么你千万别开庭园设计所。

2. 说话权属于有优势的人

在某一行业中，生意成功或失败的概率在很大程度上取决于进入该领域的难易程度。进入某一行当越容易，竞争就会越激烈，失败的可能性也越大。

未来的创业者面临着一条狭窄的道路。一方面，某些行当虽富有吸引力但却难以进入，在这些领域里，竞争会稍缓和一些。还有许多行当非常容易进入，如果大家都能够毫不费力地进入这一领域，大家都将无利可图，即使这一行业曾经利润丰厚。

以下是一些与生意成败有关的因素：

（1）资金：

①用于购买（或租用）企业经营的场所和设备；

②用作运营资本；

③用作开业费。

（2）专有技术及诀窍：

①技术上的；

②营销上的；

③管理上的。

（3）法律事项：

①许可证；

②专卖证；

③排他性合同；

④版权。

（4）地理位置因素：

战略位置。

（5）营销：

①品牌名称；

②有效沟通；

③已有的消费者基础；

④分销渠道。

（6）对关键原材料的控制。

（7）低成本生产设施。

你如果不具备以上的一项或几项战略优势的话，你新创的生意将面临激烈的竞争和微薄的利润。其中，一些因素如资金，对小生意来说难以构成保护，而另外一些因素则为小生意把握自己的命运提供了难得的机遇。例如，对专利、商标和版权的保护使其拥有者能够减少竞争。无论这些所有者是否参与了对该商品的生产，他都处在"收费站"的位置，能从被保护对象的收入中获得分成。

3. 选择恰当的商业地点

假如你决定选择一处商业地点的话——不妨再仔细地想想看。因为选择恰当的商业地点实在太重要了。

选错了地点就犹如一头往墙壁上撞去一样，无论你的公司有多么完善的组织，无论你的公司多有前途，仅仅就是选错了地点，你整个的创业就泡汤了。

所谓的"选错地点"，是指在一个不能配合市场行销的地点开办公司，是指为了某种特殊的原因，选择了一处不利于产生公司营运所需销售额的地点。

这种事常常发生，而且最常发生在业主或经理人员出于"省钱"的目的，或租或买一处二流的地点来营业。或者，纯粹出于无知或经验不足，花了大把的钱租或买了一处自以为适合的地点。

其实，这两种错误你都可以避免。

首先，让我们来解决低价租或买了房子就以为是占到了便宜的想法。这想法真是再错误不过的了。要有因小失大的好例子的话，也就是这类了。你以为投资资本额的20%、30%甚至50%于一处你们认为的最好的商业地点就是浪费吗？正好相反，这正代表你们能很有效的、很有竞争力地运用你们的创业资金。这是一项明智的商业抉择。

每一位生意人都应该花较多的时间和精力去仔细地研究所有地点的可能机会，分析其优缺点，然后挑选一个最适合公司需要的地点。记住，没有两种行业是一样的，也没有两种行业有相同的地点需求。所以，在你进行下一步行动之前，你必须彻底分析你们的需求。

这一步骤对新手、老手都可以适用。正如一个公司在一个不适合的地点营运了好几年，并不代表该公司不能考虑搬家的可能性一样。相反，不断地检视所有更能促进生产力的机会是一种健康的商业行为。在这当中，地点永远是要列入优先考虑的。

选择地点的时候你要注意些什么？以零售业为例，多年的实践经验告诉我们，有大量消费人潮的地方是最佳的地点。即使是管理不善的公司，如果处在这种一流地点的话，也会日进斗金；如果再有健全的管理配合，这种地方对你来说就是一座金矿。

谈到消费群体，除了数人头以外，我们还需要考虑一些其他的因素。比如，我们还必须注意到"人种统计学"，也就是该地区消费人口在统计学上的分布情形如何。他们是年轻的还是年老的，是穷的还是富的，是单身还是已婚的？客户会光顾什么样的商店，这些因素非常重要。在一个以中老年人居多的购物区开一家流行音乐音像店，如我们前面所说，就好像一头往墙上撞去。这样的生意是绝对不会好的——因为它搞错了市场环境。

从另一方面看，在一处正好适合自己产品和服务的市场开创一项事业，也许这也是错误的。为什么呢？因为市场也许已经饱和，出售同样产品或服务的竞争者早就已经盘踞了市场，经过多年的经营，积累了不少的客户。这是一个很难对付的问题，就好像在登山比赛，你还没有露面，别人已经在半山腰了。

那么，你怎么知道哪一处地点是必成的或是必输的？你可以探询一下，你也可以实地抽样验证一下，或者你也可以很科学地调查一下。

以美国为例，美国的"人口普查局"就有美国全国的人口统计的详细报告。从这些报告里，一位有经验的生意人能收集到相当有价值的资料，对生意地点的选择十分有效。你也可以在各地的图书馆里找到这些资料。

"为了要取得这些资料，不管你要费多大的力，这种努力都是值得的。"兰斯，一位在美国俄亥俄州的家用电器商这样说，"我跟我的合伙人离开百货业巨人席尔斯的时候，我们已经在那儿干了12年的百货经理，当时，我们想，凭我们在这一行那么多年的经验，何不创业看看。"

"很自然的，我们选择了老本行——卖家用电器。我们了解到，我们要找的地方是一个正在稳定成长、有足够购物人潮、竞争并不激烈的地方。我们也从其他的老字号得知，这种市场是不会一不小心从天上掉下来的。所以，我们决定出去做一点儿科学研究。结果，我们转向了普查局的报告。"

经过详细的研究，兰斯和他的合伙人狄纳发现，与他们原先的想法相反的是，在俄亥俄州，他们理想的创业地点不在主要的都市区。普查报告指出，最新的市郊社区才最符合他们的要求。

"我们发现，这些市郊的新社区极有潜力，是待采的金矿。"狄纳补充说道。"统计数字说得一清二楚：我们发现了多处有许多新房子、年轻家庭、中高收入者的新社区。大多数的家庭都有了基本的电器设备，当然，每个家庭注定会继续成长的，电器的需求量也会随之增长。"

"而且，最棒的是，商业普查的数据显示，这些地区的竞争者不多。我们将这些同行罗列了出来，结果发现，我们可以很容易地以更好的产品，更优惠的价格击败他们。"

好了，长话短说，在一向利润甚丰的家用电器业里，兰斯和狄纳再一次证明，他们是这方面的最佳拍档。只不过3年，这对合伙人就开了11家成功的连锁店，年销售额达到了800万美元。虽然跟席尔斯比起来简直是小巫见大巫，但他们已经是两位快乐又富有的创业人了。

"当然，"兰斯补充说："并不是找对地点就一切OK了，你还有很多要注意的，不过，那真的很有帮助。不久前，就在我们的业务开始成长的时候，我们听说了城里有至少6家家用电器行开业了。我听到了以后不寒而栗，心想，我们当初要按原定的计划在城里开店，而不认真考虑其他可能的地点的话，我们今天不晓得会变成什么样子。"

这是我们每一个人都可以参考的范例。

4. 好朋友是差劲的合伙人

生活要像兄弟一般，做生意却要形同路人，这就像油跟水一样。生意和社交关系也是无法混合的。

问题出在情感上。友谊是和情感相联系的，出发点是在朋友的日常生活中保护他、支持他，使他免于灾难和困苦。

虽然这样的关系在社会上是很值得珍惜的，但用在经营中却会对生意产生不良的影响。想要成功，创业者在任何时候都要能得到精确而直接的信息。正如一位有名的企业家所常说的，一流的经营者永远要坚持的就是"没有意外"。即使是负面的、灾难性的信息，也必须要立刻让它浮到表层来。这是在问题恶化之前，处理问题的唯一方法。

蒙蔽坏消息，不使合伙人知道，这样的朋友事实上就已经严重伤害到了公司。而这正是我们要避免友谊关系和合伙关系混淆的理由。如果混淆了，我们根本就无法指望这位合伙人能发表有关生意上清楚而客观的意见。因为，先前存在的情感联系容易混淆，扭曲了原本应该单纯而有效的关系。

如果要建立一个有效的合伙关系，合伙的各方都要先对公司负责，而不是对个人。这对事业只有好处。尤其在公司走下坡的时候，合伙人担心公司的营运远比担心对方要重要。

最佳的合伙关系是建立在纯粹生意上的。通常，最好还是每一个合伙人都能为公司的营运带来一股力量。

道格·R是美国一位航空工程师。当他发明一套喷气式飞机降落系统的时候，他就很聪明。他并没有采纳他最好的朋友和工程师的建议，一起开设公司，而是在《华尔街日报》上登了一则广告，结果他找到了一个所有新公司所最需要的商品的合伙人：现金。

这样的配合十分理想。道格的合伙人投资98000美元，负责监督公司的财务，而道格则继续做他最拿手的事——发明一套精密的设备。这样管理上的良好配合，使这家叫作现代飞行系统的公司终于艰难地走过了他们的起步阶段，与海军签订了100多万美元的合同。从此，这家公司的业务蒸蒸日上。

下面的清单有助于你寻找事业伙伴或高级的管理人才：

（1）找一位能平衡你的力量的人。假如你在市场行销上很强，那就找一位在财务或技术上很行的人。即使是小公司，也需要很好的管理。

（2）要确定此人能与他人共事。在大多数情况下，不擅与人共处的就是不擅与人共事。合作是合伙关系的基石，要确定一开始你就能得到它。

（3）了解一下此人过去在商场上的经验。过去记录不良的人也很难给你现在的公司带来一点儿赚钱的能力。

（4）最有胜算的是找一位有过创业经验的人——一位曾经营运过一家公司的人。毕竟，有半数的小公司都是因为没有经验、管理不善而失败的。

（5）确定这位合伙人也能对公司的成功有同样的努力。不管这种情绪是对还是错，没有什么情绪比自觉做了较多的事所怀的敌意更伤害合伙关系的了。一般来说，要求你的合伙人多投资一点儿钱会有助于他的努力的。实际情形也是如此，谁要有越多的钱在承担风险，谁就会越努力地工作。

（6）从此人的学校记录开始调查，询问他账目往来的银行，了解他从事过的行业。你最后必须要做的就是找到一位诚实的合伙人。

最后切记——也许这一点才是最重要的——将你的朋友限制在麻将桌上和高尔夫球场上，在企业组织里没有好兄弟、好朋友的余地。

5. 创办公司要谨慎前行

在市场经济的大潮中，每年都有数以万计的人走出创业之路。在创办公司之前，有三个问题是必须仔细考虑的：你如何起步？你如何创办一家公司？你创办的公司选择的是哪一种组织形式？

事实上，盲目地成立公司会严重影响公司未来的生存与发展。独资企业、合伙企业、有限责任公司以及股份有限公司是企业常见的四种组织形式。下面试分析各组织形式的优缺点，以避免你选错你要经营的组织形式。

（1）独资企业

对那些烦透了束缚、视企业自由重于一切的人来说，独资企业也许是最好的企业组织形式。

独资企业是创业的一种简单快捷形式。创业者不需要很多的资金与人手，可以完全按照自己的计划经营与管理。总的来说，独资企业具有以下明显的优缺点：

独资是事业开创最简单的形式，企业的成立、经营，只需要一个人就行了；并且，在组织成立的时候，能免除政府许多的繁文缛节，只需要向你当地的工商部门登记一下就可以了。

在独资企业里，整个的企业收入都归你自己。你拥有完全的决策权，并且能够享受一些税收优惠。

独资企业最大的缺点就是负债的问题。在独资企业里，所有对企业的赔偿要求也等于对业主个人的赔偿要求。这意味着企业的负债会波及个人的财产。另外，信誉相对低以及缺乏鼎力的支持者，这是独资企业不可避免的缺陷。

（2）合伙企业

从许多方面来看，合伙企业类似独资经营的形式，不同的是合伙企业是集合了两个以上的投资者共同出资来经营一项事业。合伙企业的形成也相当简捷，只需在当地工商部门简单注册即可。

合伙企业的一个主要缺点就是合伙关系的变动，如合伙人的死亡、退出或新合伙人的加入，等等。虽然事业并不会因此而停滞，但合伙关系每变动一次，合伙契约就要重新改写一次。这是既耗钱又费时的。此外，合伙企业的负债也扩及一般合伙人的个人资产。另外，合伙人之间的信任问题、意见分歧与个性冲突，常常会导致合伙企业的动荡不安与破裂。

合伙企业的一大好处是能集合两个或两个以上的人的聪明才智来共同创业。其中一个也许娴熟财务上的事，或者对公司有资金上的投资；另外一个人也许既有市场行销又有技术上的才能等。总之，合伙就会增加两个人成功的机会。

（3）有限公司

这种形式的企业结合了合伙企业和股份有限公司形式的好处。投资者可以投资有限公司，但他可以不参与经营，也不必负担这个企业的无限责任。公司亏钱了，只亏到投资额的上限为止。这种形式的好处是你可以吸引愿意投资但不愿意负担偿债风险的人。

由此可知，有限公司要比合伙企业值得我们考虑。此外，公司里面至少要有一位合伙人参与经营。

（4）股份有限公司

对某些行业来说，股份有限公司的形式也确实是最理想的实体形式。这是因为股份有限公司有如下几个主要的优点。

·公司的股份可以选择性地卖给投资人或大众。而持股人对公司的要求权也不可能超过他所投资的金额。事实证明，这是一种良好的设计，有利于资金的募集。

·股份有限公司是一个法人，有自己的身份。所以不管公司管理阶层有何变动，如总经理去世或离职，公司都能继续经营。

·在大多数情况下，债权人对公司的索偿权只涉及公司的资产——很少涉及公司里面的行政人员。

假如企业的持续与否和责任的有限、无限问题并不是那么重要的话，股份有限公司的形式有可能是最没效率的一种组织形态。原因如下：

·股份有限公司的繁文缛节比其他任何形态的企业组织都要多。要1000万元以上的注册资本，公司的登记注册手续相当烦琐，需聘请专门的律师协助。

·成立股份有限公司的手续费很贵。

·股份有限公司的税率要比个人的税率高很多，这里的个人是指合伙和独资形式下的业主。

分析每一种企业形式的优缺点，勾出适用于你的优缺点，客观地比较其结果。你如果能这样做，你该做的选择很可能就会自动浮现了。

6. 打赢生意的第一场仗

在社交中，人们最为讲究的是第一印象。做生意跟社交一样，如果首次谋面就给人家一个坏印象，很可能，那印象会永远留在别人心中。

更糟的是，如果搞砸了一次生意上的会晤，你可能永远再看不到这位潜在客户了。

然而，这种事情还是经常发生的。只因准备不足，与消费者初次见面的时候，有多少公司就这样丧失了宝贵的生意。有太多的创业人对第一印象掉以轻心：他们不明白第一次上场打球就击出个全垒打有多么的重要。

这些公司哪里出了毛病？为什么有那么多的经营者成了第一次恶劣印象的牺牲者，丧失了他们公司的潜在销售额？如何塑造第一印象，使其有利于公司？

一般说来，第一印象之所以出现问题常常是因为太急着开业。没有经营的创业者常会为了急着听收银机哗啦啦地响，而不等公司做好服务的准备，就匆忙将大门打开。可以想象，其结果必定是困惑、混乱和一屋子怨言，永远不会再有光顾的客户。

记住，开业后的头几周或头几个月的营运绝不可以当作是实验而掉以轻心。就像一个好音乐家一样，一出场就要有最好的表现，练习只能在私下。所有的纠结、混乱，都必须要在开业彩带剪下之前完全剔除。一旦公司走到了舞台中央，所有的程序都要流畅完美。

如何才能流畅完美呢？很简单，只要在开业的前两天全心全意地将公司的运作流程排练至纯熟为止。从应付邮购到商品交易，从现金流向控制到信用卡操作，都要一而再、再而三地演练，直到员工和管理人员把这些程序烙到脑海里。

其具体操作可以举行全面的演练，将一切正常生意下所有可能发生的状况都搬出来进行实验模拟。找一些员工扮演客户，假装前来购物，真的掏出现金，真的抱怨一下。这是确定公司是否真能应付日常营运挑战的唯一方法。

忽略了这一步骤后果会不堪设想。几年前，一阵珍珠奶茶风潮在我国流行，许多家珍珠奶茶店如雨后春笋般地纷纷开张。在广州的荔湾区某街口也开了一家。以这家为例，这家店开张没几天就得罪了其他公司一生都得罪不到的顾客数量。原因是：经营者从来没有预想开业后会遇到什么样的问题，他在完全没有准备好如何应对外面世界的情况下就贸然开张了。奶茶售缺了好几次，女店员在中午销售高峰时擅离工作岗位，柜台上堆满了脏杯子。恶名传得很快，连许多老顾客都给吓跑了。

准备一份开业日清单，切实照做，你可以避免出现这种严重错误。在招呼第一位客人之前，检查检查下列各点：

（1）确定你是否已指派了一位关键人监督所有非管理阶层的员工。即使你的员工只有五个，将监督权委派给一位重要的人也是很重要的。

（2）仔细指派所有的员工，巨细无遗地告诉员工他们的职责所在。确定他们每一个人都已经知道如何处理每一个营业日可能发生的任何意外。

（3）在这一段开业期，你的实际库存一定要超出你的实际需要量。一条粗略但实际的准则：库存要比需求量多15%。理由很明显：头几周或头几个月发生货源不足的情形，你将会得罪那些向隅的顾客——严重的话，这些顾客可能永远不再上门。反之，货源供应充裕，你可以博得货色多样，服务良好的名声。这种积极性的口碑正是创业初期所必须的（一旦事业踏上了轨道，你就可以精打细算恢复正常的库存量）。

（4）整个装潢、设备若不从天花板亮到地板绝不开门营业。这似乎是很基本的一件事，但许多经营者或管理人员还是常犯这些错误，邋里邋遢地就开始营业了。现在的消费者是绝对无法接受这种不专业、没有良好形象的公司的。顾客是不会光顾这种寒碜的公司——绝对不会！

（5）检查所有处理顾客抱怨的程序。确定所有的不满与抱怨都能快速、直接到达经营管理者的耳中。这种快速回应的态度可以有助于与顾客建立良好的关系，减低负面宣传的机会，使公司有个良好而利落的开始。更重要的，你可以从顾客那儿听到建设性的批评。这是公司发现何处出了错的最佳方法。从开始就听顾客的——他们是你生计的来源。

（6）练习、练习、再练习。正如我们前面提到的，除了开业前密集的排练以外，我们无法应付实际营运上的严格考验。有一句陈腔滥调还是很管用的：熟能生巧。

第四章　财富需要创意来催化

把一粒种子放在显微镜下分析，会发现它只是由纤维、碳水化合物及一些常见的化学物质所组成，没什么特别。但把它放在泥土里，给予水分和阳光，神奇的事情就出现了。它会发芽成长，开花结果，它可能是养活众生的稻米谷物，可能是为生命添上色彩的鲜艳花卉，也可能是为世界提供氧气的参天巨木。

人的创意思想也像一粒种子，在酝酿未成熟的阶段，是那么平凡毫不显眼，但把它放在合适的"泥土"里，加入"养分"和"水"，让"阳光"照耀着它，它同样会发芽成长，成为动摇世界、影响众生、造福万物的神奇力量。

创意是不会枯竭的河流

创造力（creativity）源自拉丁文Creatus，是生长的意思，也是古罗马五谷女神Cereris的名字。创造不是天上掉下来的恩物，而是源自地上，植根于泥土，发扬于生活。

1. 创意的两种形式

创意就是去想出一些新的东西，这个"东西"可能是新的事物或是新的意念，能用来帮助解决一些问题，增加一些趣味，提高一些效率，善用创意，是成功的基础。如果你拥有创意，无论你是在哪个行业哪个职位上，你都会有上乘的表现，有令人欣赏的地方。

创意的反面就是因循苟且。世间大多数人都没有运用创意，而只是效仿他人，就算不是完全抄袭，也十有七八，另外两三也不是创意，只不过是乱放一些糟粕垃圾而已。

创意形式共有两种：一种是综合式；另一种是创造式。其中，综合式在商业中运用最普遍，而创造式运用在科学发明上较频繁。

综合式的创意，是在已有的成果上，运用创意加以组织、配合，或加入一些新的，产生一种新的东西。创造式的创意则是全然的灵感，也不知这份灵感来自何方，总之就是突然爆发，有点像是冥冥中灵光一闪，从宇宙深处提取了一些东西，通过人脑去把它表达出来，这就是创造式的创意，很多科技上的发明和很多哲理，都是源于创造式的创意，并不是承先启后的，与其说是学习而来，不如说是来源于启示。

有时候，综合式的创意，也会加插一些特别的灵感；而创造式的创意，也会经由一个人不断地学习及吸收经验之后，才产生出来的，两者夹杂起来，也未必分得清是哪一类的创意。

创意对于赚钱非常重要，竞争者有那么多，你凭什么可以制胜，你有什么条件去说服准顾客，令他们接受你提供的货品或服务，你一定要有一些特色，有一点创意，令人耳目一新，你才可以把握对方的心。

你拥有丰富的知识和技术，创意一般会比较好，但那也不是必然的，爱迪生的成功例子就可以说明这个问题。他只不过读了几个月书而已，但他对于科技的浓厚兴趣，开发了他的无限灵感，以致能平均每相隔11天就有一件发明专利面世。但毫无疑问的是，他头脑里的知识，要比很多自命接受过高深教育的人都要多。

在商业上取得成功，综合式创意的作用非常巨大。那不必很高深的学问，只不过是头脑转一个弯，就可以产生新的事物，有时就是一个意念，你的前途就立即扭转过来。洛克看到麦当劳兄弟的快餐店，他的意念一转，麦当劳快餐店就成为现在美式饮食文化的象征。

2. 从可口可乐看创意

无论在麦当劳快餐店，或在其他快餐店，或是在餐厅，或在超级市场，或者是街头巷尾的饮品供应机，你都会买得到一种很奇特的食品，那并不是天然的产品如橙汁柠檬茶之类，甚至不是这类天然物的仿制品，那是什么？

你一定饮过，你的朋友一定饮过，甚至很多人都是这饮品的不二之臣，永远对它效忠，尤其是在天气炎热时，爱它的人就更多。

你应该估计得到，那就是"可乐"。"可口可乐"是"可乐"创始者。可口可乐诞生的故事，是创意的最佳写照。

在19世纪后期的某一日，一桩秘密的交易在美国进行，卖家是一位乡村医生，买家是一位药剂师。乡村医生年纪老迈，他从另一个村落来到这个小镇上，在一家药房旁边，停下马车，从药房后门走进去，里面有一位年轻的药剂师，他见到这个老人家之后，就一起坐下详谈。那是一次商业谈判，谈了一个多小时之后，交易成功，双方达成了买卖的协议。

于是，年轻人跟这位老人家出去，两人从马车上把一个铜壶搬下来，一直搬回屋内。年轻人小心地从身上隐秘之处，取出了一沓钞票，那是500美元，那已经是年轻人的所有积蓄了。他买的，除了是那个铜壶之外，还有一张纸条，纸条上是一条化学配方，这条配方就是铜壶内液体的组成。

年轻的药剂师再进一步，把另一些秘密元素加进这个配方之后。结果，一种不知世上有多少人饮过，但是又不知道那实际是什么东西的流行饮料便面世了，这就是可口可乐。

那只不过是转一转念头而已，乡村医生要发明药物，但却不成功，不知道这些东西有什么用途，但在药剂师的无限创意之后，稍稍加工，便变成了另一样东西，这是医生做梦也想不到的。当然，两者都有创意，没有这位医生，可口可乐就不可能出现。

这位药剂师也不是什么化学专家，他只是一个在小镇上办事的普通药剂师，结果却创造出惊人的大事业，那就是创意发挥的作用。

你一样可能具备创造像可口可乐那样大生意的潜能，就算只是在你目前的工作岗位上，你一样可以爆破出种种创意来，令自己受到赏识，或是使自己目前拥有的小生意更上一层楼。

3. 创意即是新转机

假设你现在开一个小店子，做一些零售买卖，但生意并不很好，你需要谋求改善。如何改善，要做一些什么，这是要多方面检讨的，如果你具有创意的话，当发现问题时，你将可以有新的意念去解决，令事情符合自己的意愿，改善情况。

你可能发现，你售卖的货品太没特色了，在你这里买得到，在其他店铺亦一样买得到，在店铺的装修上亦不能令人留下深刻的印象，就算是店铺的名字，也只是"X记""XX记"之类，那岂能从众多竞争对手中突围而出？

面对危机，那就是你运用创意的时候了，你的脑筋开始在动，去找出解决问题的方法，认真地想，于是你的创意就爆发了。你或许会更改店铺名字，形成特色；你或许会动用一笔资金去改变店铺的装修和设计，以前多类货品堆起来，现在就精简一些，在店铺的主调以及经营手法上，都做出调整。更进一步，你想出一连串的促销策略，逐一实行。

只要运用创意，你就有很多事情可做，不会因为一时失意而惊恐，有时只要转一转，变一变，那就会有新的转机，令自己的计划不至于流产。

除了星星和月亮还可以卖什么

1. 出售星星

美国史密森尼安天文物理研究所出版的星象目录中，列了25万颗星星，还没有正式命名。于是，加州出现了一个"星象命名公司"，在全美国大登广告：星星出售——你现在可以给一颗星星命你自己的名字或你爱人的名字！最先登记的25万幸运者将变成不朽……你的星星和它的新名字，将永远注册于美国国会图书馆。每颗星：25美元。很多人看了这则广告，但不想花25美元，就直接打电话给史密森尼安天文物理研究所，询问是否可免费把自己的名字安在星星上。这个研究所和哈佛天文观测所是美国权威的天文研究机构，他们除了把测得的星象编号整理并出版目录，并不为星象命名。他们对这种商业行为当然不以为然。其实肉眼看得见的星星很早就有了传统名字。

卖星星公司专门出售肉眼看不见、只有编号还没命名的星星。25美元可以买一张星座图，指出你买的那颗星的位置，并且还有一份正式登记证。

他们怎么扯上国会图书馆的呢？原来他们把史密森尼安目录的星星编号

印在空页上，每填满一页名字（大约100个），就把它送到国会图书馆去登记版权。显然，这是个发财的好主意。加拿大多伦多出现了一家同样性质的公司，要价也是每颗星25美元。他们还把新命的名字制成显微胶片，"永远"存放在瑞士和多伦多的保险库里。这家公司的老板商请一名教授写一本书，把新命的名字附在其中，而这本书将会登记版权，于是，他们也可以宣称"在国会图书馆永远注册"了。

25美元就能使自己的名字不朽于宇宙间，我们从来还没听过更廉价的买卖，难怪人们要趋之若鹜。发财致富其实就这么简单。

2. 卖月亮

如果我们周围的谁提出要"卖月亮"，我们一定会以为他"穷疯了"！然而一位叫霍普的汽车商就想出了这个异想天开的主意，尽管有许多人怀疑甚至讽刺，但霍普"卖月亮"的生意不仅开张，而且异常火爆。在全世界各地的成千上万的买主中，既有普通的老百姓，也有美国航天总署的科学家，还有阿拉伯的酋长和俄罗斯的阔佬们，甚至包括美国前总统里根和卡特。

霍普的名字（Hope）在英语中就是"希望"的意思。然而他经营汽车生意却十分不如意，以致失去了工作，也失去了妻子。1995年圣诞夜，独自望一轮圆月长吁短叹的霍普先生突然灵机一动："既然卖不成汽车，为什么不试试卖月亮？"

霍普当即查阅了手头有关月亮的法律条文，结果只发现一份1967年的国际公约规定："禁止任何国家将任何一个天体据为己有。"公约上没有规定"个人"不能拥有天体。于是，霍普马上请律师起草了一份文件，规定月亮和其他8个星体从此归他所有。他把文件和自己起草的星球地契交给了公证机关，几个星期后，"月亮大使馆"公司就顺利开业了。霍普把月亮分成11万份，每份单独编号，每份的面积是17万余亩，价格是每亩15.99美元，外加1.16美元的"月亮税"。

1996年秋天，美国一家颇有影响力的电视台从奇闻趣事的角度播放了有关"月亮大使馆"的有关节目。结果原本是讥讽的电视节目却给霍普做了一次极好的广告，在节目播出后没几天，他就卖出了近2000份月亮土地，当这个节目在瑞典播出后，一周之内，就有4000张订单寄到……

霍普先生"卖月亮"居然能大获成功，的确出乎许多人的意料。而尽管这是一个异想天开的主意，霍普先生却是非常认真对待的，他不仅查阅了有关法律条文、聘请了律师、进行了公证，还注册了公司且明码标价，的确做出了巨大的努力，而他的成功就不只是偶然的了。

3. 还可以卖什么

十几年前的美国，在家里养鸟是时尚，而且很多人不愿意把它们关在笼子里，而让它们自由地在屋里飞翔。因此就有人登广告，专门邮售给鸟用的尿布。它的用场自然是使鸟主人可以不必担心爱鸟在客厅、餐厅或卧室里随时喷洒屎尿，弄得主客难堪。卖鸟尿布的因此而发了大财。

一个年轻人在湖边散步，走着走着他就琢磨出了一个主意，他把这个主意叫作：Pet Rock（宠石）。他将一块圆滑的鹅卵石，放在一个小木盒里，底下垫了些稻草，另外附一个小册子："如何爱护你的宠石。"其中谈到这是世界上最乖最理想的玩伴，不像狗那样邋遢，每天非牵去散步不可；也不像猫一样执拗；它不吵不闹，既不担心喂食，也不用清理粪便……这些包装好的"宠石"，每件只卖5美元。那个圣诞节，"宠石"变成全美国最热门的礼品，人人抢着买，一时还有鹅卵石短缺之虞。这个年轻人在4个月之内净赚了140多万美元，成了富翁。

通过学习以上创意，能给你带来什么启迪吗？如果有，赶快拿笔记下来，然后尽力去实施。

找准角度，才能发挥最大的力度

专业知识经验和技能虽然是创造财富的重要条件，但有时也会限制人的思想，使人跳不出原来知识的条条框框，打不破老一套操作方法的束缚。所以在思考问题的时候，一定要解放思想，不为陈规陋习所束缚，这样才可能有突破性的构想。

以房地产市场为例，房地产市场是一个备受民众争议也备受投资者关注的实物资产市场（相对于金融资产市场）。近十年来随着国家住房政策的放开，一阵狂风把房地产吹上了天后，这几年，似乎已经境况全非了，房地产没有出现人们意料之中的狂涨，在某些地区如上海反而有了下跌的趋势。

是不是房地产作为一种投资项目已经走到了尽头？有没有办法在房地产下跌的情况下创造财富？

实际上，再也没有比现在更恰当的时机了。

似乎和大家的常识相矛盾，你可能会反对在这个时候投资。但这个机会却是铁的事实，如果有下跌的房价，只能使你赚钱变得更容易，而不是更难。

你要是关注其他媒体，你就会发现报纸电视上说的可不是这样，他们纷纷警告大家不要被套牢！但是不要忘了，很多错误的、先入为主的观念来自大众媒介，在不利时机里赚钱的秘诀便是将那些"投资常识"一条条列出来，然后一条条反其道而行之。你只要了解使投资成功的基本原则，在别人都心慌意乱的时候，保持清醒的头脑就可以了。

"反其道而行之"，是一种高超的反向思维的竞争策略，这方面的经典可以说是美国人里斯和特劳特所著的《定位》（2001年，美国营销学会评选有史以来对美国影响最大的观念，结果不是劳斯·瑞夫斯的USP，不是大卫·奥格威的品牌形象，也不是菲利普·科特勒所架构的营销管理及消费者"让渡"价值理论，不是迈克尔·波特的竞争价值链理论，而是艾·里斯与杰克·特劳特提出的"定位"理论）。虽然这是一本营销与市场方面的书籍，但相信你看过之后，无疑会为书中对市场和竞争策略的精到把握而击案叫好。

颠覆常识、换位思考，头脑思维角度的转变会让你发现自己超越自己弱小力量的可能——角度胜于力度。

我们不妨从世界知名企业的角度定位成功实践中获得教益。商场如战场，经营企业和经营人生的哲学大同小异。定位，实际上是一种观念。把产品或服务或是努力方向放在唯一恰当的位置上，形成某一方面的优势，即在选定的目标市场上接受众多产品知觉差异性、评价程度，考虑竞争对手情况来设计制造产品。当今人们买产品以外的东西的人越来越多。厂家卖的是概念；迪斯科舞厅卖的是参与，几十元一张门票仍火爆；麦当劳和肯德基卖的是气氛；饮料和酒卖的是文化；冰箱卖的是无氟保鲜省电无噪声。定位的反向思维就是从观念的正常思维角度倒转到某一角度进行定位。

1. 定位就是你的竞争优势

当今竞争对手如林，各种传播手段媒体过多，争王争霸争第一争得天昏地暗，为评比第一的真相闹上法庭。可见第一的魅力。第一能最早进入消费者心中，第一市场占有率最高，第一往往具有垄断地位的绝对优势。市场竞争结果必定是该行业中几个老大瓜分市场，其他只好被人兼并或退出或惨淡经营。企业必须想方设法建立与竞争对手不同的第一优势。春兰空调定位于中国最大的空调厂家；广东华宝空调宣传自己是第一台国产分体空调的诞生地——技术第一；广东格力空调强调是第一个走向国际市场的——质量第一。三家空调在市场上各领风骚。健力宝饮料，请藏族运动员次仁多吉带到珠穆朗玛峰，成为"世界最高峰饮料"，荣获"东方魔水"美称。春都火腿肠是我国火腿肠最早的品牌，江extremes火腿肠则宣传"后来者居上"。黑白感冒药将药分成白与黑，白天吃白片不打瞌睡，夜晚吃黑片睡得香。美国高原苹果被霜打后有疤痕，广告上宣传有疤痕苹果才是正宗苹果，你咬一口，香脆可口，一时市场上没疤痕苹果还没人要。这种第一定位的反向思维包含了第一事件、第一说法、第一观念，等等，是与对手竞争的一把利器。

2. 甘居第二的竞争策略

厂家商家都挤第一的班车，都说自己是最大最好最先进、国优部优省优、金奖银奖铜奖鼓励奖。行业中已有强大领导者时，倒不如甘居第二。第二策略是一种以柔克刚、以退为进、以守为攻的道家竞争术，非常适合中小企业。百事可乐从不声称自己是老大，而是紧紧跟在可口可乐后面。

美国20世纪70年代出租车行业中艾飞斯公司以"艾飞斯在出租车行业仅排名第二，为什么坐我们的车，因为我们会更加努力！"的广告用语，深深打动的乘客心，一举扭亏。不当第一，还可以反领导者定位。烟酒化妆品行业常以性别定位。万宝路香烟以美国西部牛仔这种极具阳刚之气的男子汉形象成功地征服了全球。女性香烟"窈窕牌"一样获得成功。美国人一向喜欢大马力豪华汽车。甲壳虫针对这种想要车好必须大些、豪华些、漂亮些的观点进行反向定位，推出又小、又黑、又丑的汽车，其广告"想想还是小的好"成为经典之作。甲壳虫创下出口量第一的纪录。上海亨利餐厅，定位于具有外国风格的中国餐馆，采取的策略是：没有卡拉OK，不会吵得有些人无法进餐；没有包房，无遮无挡坦坦荡荡；没有贵宾卡打折卡，所有消费者一视同仁；同时别具一格地在洗手间配有热水。贝克啤酒"喝贝克听自己的！"定位于有独立见解，不随波逐流的人。有些外国产品在我国做的广告，用卡通式和儿童声音，定位于争夺下一代消费者。

3. 最好的"质量"是迎合消费者的需求

产品质量是进入市场的通行证。一般讲产品质量指产品的性能、寿命、可靠性和安全性。竞争中企业都期望自己的产品质量比对手更好些。于是，建立质量保证体系、申请国际质量认证，从原材料采购到产品销售各阶段进行严格的质量控制，成本也随之增加。厂商始终不明白，为什么这么好的产品没人买。有一军工企业开发铝合金自行车，强度很高，但销路不畅。外商告诉他们顾客不需要强度这么高的自行车，因为强度再高，仅仅也就是自行车而已。美国有个五金出口商向印度出口门锁，那种锁比较简单，后来经商人改进的锁较牢固，但价格提高了1/5，改进的门锁出口到印度却无人问津。原来印度的老百姓大多数都很穷，锁挂在门上只做个样子，干活回来找不到钥匙用棍子轻轻一捅就能打开，改进的锁很不方便。这个商人得知后，又设计了一种更加简单的门锁使价格下降了一半，结果销路大增。该商人成为美国向印度出口的最大五金商。竞争学中产品质量的定义应为产品的适销性。

越来越精明的消费者对产品品质要求不是那么苛刻，合理即可。行动快的彩电厂、VCD厂大刀阔斧砍掉一些产品可有可无的功能，使价格一下子降下来，让企业在价格战中占了上风。

对于服务性行业，大家都在提高服务质量，增加服务项目上做文章。经济不景气时期，美国各航空公司都亏本，只有西南航空公司赚钱。该公司不提供任何机上餐饮、空姐服务、行李托运等，不采用电脑订票、登机卡，但票价仅及其他航空公司的20%~30%。

竞争中反向思维而引发的奇招数不胜数。全国400多家生产方便面的厂家，几乎都是按一样的价格、一样的配方进行定位的。而康师傅方便面却靠多放几种调料而大发其财。日本人不做机械表，用石英表、数字表与瑞士表竞争。北京物资公司针对销售领域的回扣风，提出"共产党员挂牌上岗"，坚决不搞回扣，使许多公司反而指名购买他们的材料。服装业在换季时抢时间推出新款服装，有的厂家故意迟迟登场避免被"克隆"。街上没人穿中山装，但生产中山装厂家供不应求。以往一流人才去扭亏去管三流产品，现在一流人才管一流产品赚更多钱。薄利多销天经地义，但现在提倡厚利少销，开发高科技高附加值产品。

现代市场竞争是人们之间的知识智慧的较量，反向思维是由经验敏锐的洞察力以及准确的预测而得出的一种悟性。反向思维策略焕发出的魅力，使越来越多的企业和个人神往并用于竞争之中。

当然，中国有句古话，叫"兵不厌诈"，正与反总是相对的，一时之"反"，不能一劳永逸，很快就会被人学到，最终反而成了"正"。作为一个追求角度制胜的企业或是个人，如何在这个飞速变动、到处充溢着不确定性和危险性的世界中，时刻保持独特的思维角度，不断创新，吸取新的精神力量，却是大家都应该认真研究的课题。

创意帮你获取双赢

现代商场上的宾主关系不再是"你赢我输"或"你输我赢"的对手关系

了。"你赢我输"或是"你输我赢"是一般人的想法，一个人的胜利便是另一个人的失败，唯一一条爬上顶峰的方法便是把别人踩在脚下。

有人说："若说是富人导致了贫穷，反不如说是这种普遍的想法使贫穷得不到改善。"任何稍有理智的人都知道你不必剥削穷人便能致富，甚至也不需要去向富人分一杯羹。

创造财富不需要"你输我赢"，也不需要"两败俱伤"，它也必须是"双赢"。

什么是"双赢"的哲学？诚如古人所言，"己所不欲，勿施于人"，这句话在21世纪仍然适用。反论者可能会认为，谁有钱，谁便主宰一切。这句话就某种程度来说也是实情，但有钱的人之所以有钱，是因为他所投入的努力、牺牲不比一般人少。现代社会成功的商人有一个不变的法则，那就是以合理的价格提供大众想要的东西。

以欺骗手段致富的人也仅能保持短暂的优势，很快便会自"我赢你输"进入"两败俱伤"的境地。所谓"双赢"并不是一种暂时的手段或是策略，而是一种长期永久的哲学。

"双赢"的哲学有很多思考方式和规律，在我看来，至少有以下4个方面：

原则一：如果不可能双方都赢，就不要去做。

持"双赢"理念的投资者不占人便宜，也不希望被人占便宜。他虽然不"奸"，但感觉却应该敏锐。"双赢"哲学的第一原则便是仔细观察情势，若不能双方都赢，大家都别玩。

听起来似乎很简单，其实不容易。我看过很多的房地产经纪人欺骗毫无经验的买主，也看过急于卖房子的人被买主欺骗。

想运用"双赢"哲学的投资者，必须先决定他对"输"和"赢"的定义。一旦进入洽谈生意阶段，他才知道自己的极限所在，也比较不会有损失。如果（我是说如果）你想从事房地产投资，你的目标是一年至少买一幢房子，如果你碰到一个卖主想高价脱手一幢二手房子，还要一大笔现金，你的直觉一定会告诉你事情不对，若卖方什么便宜都占了，那你又有什么好处？这就是"他赢你输"。

正如美国诗人、散文家爱默生所说，每个人都应小心不要让邻居欺骗你，总有一天你也要小心自己不去欺骗你的邻居。然后才能一切顺利。咱们中国人也说"害人之心不可有，防人之心不可无"。

原则二：不要浪费时间和没有问题要解决的人扯皮。

还拿上例从事房地产投资来说，应尽量寻找卖房子动机比较强烈的人，他们比较有可能与你共同协商出对双方都有利的价格及付款条件。

原则三：与卖主成为朋友，他会比较乐意与朋友而不是敌人共同解决问题。

懂得"双赢"哲学的人知道如何制造互信、互谅以及诚恳的气氛，只有在这种气氛下，真正的问题才会显露出来，也容易找到对策。

制造这种气氛并不容易，通常卖方都会很自然地把你视为敌人，因为他们的思想早已经被灌输成：只要涉及金钱，一定脱不了"有输有赢"地规律。别让这种情势打扰你，你应当视其为挑战，放松对方在谈钱的时候一定会有的紧张。

恐惧是一种强大的力量。找出有趣的话题来中和不友好的谈判往往会缓解对方的恐惧，并且往往可以找到对方卖这房子的动机，不管买卖成不成，"买卖不成人意在"嘛。谈钱时自然会有一些敏感的问题，应该大胆问，但在事前一定要很礼貌、很清楚地说明你为何要问这些问题。比如，"我可能有点太挑剔了，不过这房子的装修好像有点维护上的问题"就比直接批评对方要好得多。

有一句话很适用于谈判："打的越重，反弹越强。"买卖时你的手段要是太激烈、压价太狠，对方便会反抗，互相信任的基础便会瓦解，双方会一下子成为敌人，便不会有共同解决问题的想法。

事实证明，"双赢"比"我赢你输"要更有效，尽管生意不成，但从此你也交了一个朋友，这个友谊很可能多年后给你带来了另一笔生意。生意不成只是短暂的失败而已。

有这么一个故事：一位农夫请四邻来帮忙收稻子，每一个邻居都自带了篮子来帮忙装稻子，有的篮子小，有的篮子大。一天工作完成后，农夫宣布最后一趟所装的稻子可以带回家，是他向大家表示谢意的礼物。结果带大篮子的人拿了很多稻子，小篮子的人得到的则比较少。换句话说，耕耘多少，收获多少，谈判也是如此。

原则四：了解问题是解决问题的第一步。
怎样才能了解问题呢，答案是"一切从听开始"。

一个追求双赢的谈判者，必须试图了解对方的动机。有一位年轻人去见神父，问了一个简单的问题："神父，我祈祷时可不可以抽烟？"
结果不说也知道，神父表示反对。
过了一段时间，年轻人又去找神父："神父，那么我抽烟时可不可以祈祷呢？"
神父不假思索地回答："当然可以！一个人心中应常常祈祷。"

这难道不是同一个问题？只是这个年轻人运用了大脑去想神父的看法，一旦他找到了神父的原则并有效利用它，问题便顺利解决了，整个事情不过是在寻求另一个解决之道罢了。

旧产品，新风貌

现代人因为生活水准普遍提高，收入和消费能力成正比上升，因此，更有余力去追求精致的生活品质。人们不但生活要求精致，连日常所需的用品也希望"与众不同"，拥有个人独特的品位。

1. 重新定义旧产品

产品从销售与利润的波动情形来看，和人类的生命周期有些类似，也就是很多书都介绍过的出生、成长、成熟、衰老和死亡5个阶段。对此，我们称之为"产品寿命周期"。

并不是每一种产品都会走上死亡期。乐观看来，只要生意人能在产品达到巅峰时，趁势开发产品的新用途，或为产品增加附加价值，就可以使产品免于一死，甚至再创佳绩。

为产品重新赋予定义就是一种旧瓶装新酒的方式，产品本身不变，但是购买它时，消费者的心态却变了。如果业者能针对目前社会上所流行的趋势对产品进行新的变革，将可为产品换上一副全新的面孔。例如，现在流行的复古风、环保热潮和休闲文化，使得各个厂商无不抢搭这些列车，期望为产品重新定义，甚至展现它另外的功能，使得消费者能有耳目一新的感受，认同它并且掏出钱包购买。

让产品"福寿绵延"是普天下生意人的共同心愿。但是，要让产品活多久就红多久，本来就不是件简单的事，仅仅做好硬件规划管理是不够的，还需要配合整个消费环境，加一点新颖，多一点创意，这样才能使产品活得愈久卖得愈旺。

下面列举一些个案供你参考，在你考虑为产品打出什么样的诉求卖点时，看看别人是如何做的。

个案一："无限延伸你的视野"的捷安特

自行车是一种非常重要的交通工具。它是人们上班、上学的代步工具。

但是，在强调快速、省力、舒适的摩托车抢占交通工具市场之后，自行车的销量明显萎缩，许多自行车厂商看到市场遭到鲸吞，便纷纷转业。

这种情况在我国大陆是这样，在台湾省更加明显，但是，台湾的捷安特（GIANT）这时却以异军突起的姿态，一举推出了数款新型、多功能的自行车，并且畅销的程度到了令人无法置信的地步，这是什么原因呢？

人们大都对捷安特的广告记忆犹新：一群年轻帅气的男孩，骑着越野自行车，跋山涉水，最后奔驰在一望无际的草原上，广告中没有任何对话台词，只在片尾说了一句话——"无限延伸你的视野——捷安特"。

此时，自行车的定义已不再是"交通工具"或者"省钱器具"，它是现代化精致的休闲运动之一。骑自行车既可以健身，又不浪费能源，更不会排放废气造成空气污染。在这么多优势条件下，它从萎缩的市场里起死回生，成为风靡一时的休闲器材。

除此之外，它更被创造了许多附加价值，例如，越野自行车、登山车十段、十二段变速……显示了它已从单纯的交通工具变成户外休闲的随身密友，自行车厂以"骑上自行车，天地任遨游"的创意，针对目前人们穷居在狭隘的都市空闲里，向往蓝天绿野的大自然心态，赋予自行车新的定义。

个案二："MARCH不只是MARCH"，那是什么？

有一个很好的广告——在充满淡紫色神秘基调的片子里，女人、小孩、黄昏、旷野、美酒、蛋糕以及变奏的"生日快乐"背景音乐，整部片子在诡异中又带有一点儿童趣，片尾文案说——"MARCH不只是MARCH"。

"如果MARCH不只是MARCH，那么MARCH是什么呢？"相信许多人会产生这样的疑问。MARCH是一款汽车的名字，基本上汽车该有的功能及配备它都有，只是车型比一般车种小，适合身材娇小的女性或青少年驾驶操作，是一款针对消费能力日益增加，却仍买不起奔驰车的粉领新贵派所设计的房车。

根据厂商的调查，MARCH销售状况比其他同样迷你的车更好，甚至远胜体积较大的汽车。事实上，其他品牌的汽车论其性价比不见得比MARCH差，但是只有MARCH能体贴地为女性身材设想，并打着"满足童年时代的梦想"旗帜，因此深深地打动了女性的心。小时候，我们多么向往能坐上驾驶座，像大人般神气地掌握方向盘，让车子开到世界任何一处想象的地方。这是童年的梦，长大了，即使有能力购买汽车，但是厂商所标榜的却净是"豪华牛皮座椅""驰骋的快感"……这些大都针对男性特质而设计，理性而准确；然而MARCH却以感性的诉求配合女性容易受感动的心，为轿车赋予新的定义——一部不只是会载你满街跑的车，更会让娇小的你，不至于费力地用脚去踩刹车；背部不会因座椅与方向盘距离太远而悬空；无须让温柔的你去开一部和你气质不符的超大、加长型、笨重的车；更重要的，它让你恣意地驰骋在缤纷温馨的童年梦想中！

个案三：卖房子与人性化有什么关系？

一般房产商或房屋中介卖房子时不外乎强调房子特点有多棒、距地铁有多近、与某某知名学府为邻，再不然就是打着低房价高贷款的口号，强调价格的便宜，或者房子湖光山色、风景宜人……然而，有一则房屋广告，它不说房子的地段好，也不强调它的价格低廉，更不谈它是如何的宽敞舒适；它说，住在这里，让你有做"人"的乐趣。"人性化"便是这则广告的诉求。你或许会奇怪，"人性化"跟卖房子怎么扯上关系？

如鸽笼般的公寓；和邻居只有一墙之隔，昨夜夫妻吵架，明早整条街都知道吵架的内容；拥挤的公寓底下全被摊贩和机车占满，出门如过五关斩六将；门前马路汽车摩托车嚣张而过，喇叭声、嬉闹声，声声入耳；街坊邻居们大事、小事，事事关心……这样的居住品质，人们实在难以忍耐。

上面提及的这则广告唤醒我们，原来我们是有权利用合理的价格购买一栋不必与车争道、山明水秀、邻里和睦的房子，四周只见绿荫大道，车子不可以开入社区，这宛若桃花仙境，是一处只有人与人相互尊重的淳静住宅。

用"人类应享受居住'好环境'的权利"为房地产业对"住"的定义做一番大幅度改变，新的定义简短而寓意深远，比声嘶力竭的标榜住宅本身的硬件设备更为有效。所以，我们可以看出现代人对居住的要求，不再是建筑物本身的架构与价格，而是整个环境与"人"之间的互动关系，房子是人住的，人的感觉如何胜过其他任何条件。

个案四：好品味，要和好朋友分享

当某明星悠闲地和朋友啜饮咖啡，并说："好东西，要和好朋友分享"时，是否在你心中泛着一股暖流，想拿起话筒，拨个电话给久未谋面的老友，重叙情谊；或者只是二人静静地品尝一杯香浓醉人的咖啡，默契却早已不言而喻？

在这则广告里，并没有告诉你麦斯威尔咖啡是多么香醇，甚至也没有出现任何一句有关咖啡品牌的台词，但是通过"友情"这个强力温馨的诱因，让你不至于借广告时间上厕所，你会乘机重温年轻时和好友年少轻狂的时光。你会去买麦斯威尔咖啡来喝，因为它让你犹豫在众多咖啡品牌却不知如何选择时，想到"不如找老友一块儿品尝、聊天吧！"而不由自主地伸手拿起了这一罐。

"咖啡"已经不再是具有提神效果的香醇饮料，许多精致的咖啡广告，不论是平面或电视媒体，都一致强调它是"以平民价格品味上流社会"，也是"高尚、富有欧洲优雅格调""联系友谊、唤回记忆"的象征。

同样改变饮料原本只为提神解渴、好喝又不贵印象的广告尚有立顿红茶，看着周华健一副悠闲的模样，优雅地坐在沙发上品尝着红茶，片中流动着浪漫动人的歌声，全片一句台词都没有，只在片尾出现了一个空着的红茶杯。

一则不到1分钟的广告拍得如此优雅惬意：动人的音乐，闲适的沙发，所费不赀的古董家具（据说周华健身后的红木书架值80万元），加上周华健本身的优雅形象，营造了该品牌"高品位""轻松惬意享受生活""静谧的下午茶"形象，它无意中传递了一个信息——你不是在喝一杯廉价的红茶，而是在"品味人生"。

"品味人生"成了咖啡、红茶等进口饮料所推出的新诉求，一反饮料给人的"解渴、好喝"刻板印象。

小结：卖"感觉"的时代已经来临

日本罗曼蒂克公司，在一个情人节，推出"爱情诙谐故事"以促销他的巧克力。在心形图案的巧克力内，加上"你的存在，使我的人生更有意义""允许我热吻你"等感性字眼，结果那一年的销售额，增加了28%。其实，罗曼蒂克公司的巧克力与其他公司的巧克力并没有两样，所不同的是消费者喜欢多一点儿浪漫感性的感觉。

在台湾省，广告公司为"司迪麦"口香糖成功地塑造了形象，他们针对青少年的心理感受，以"我有话要说"打响了知名度的第一炮，接下来延续这一类的社会意识形象，推出了"烤鸭篇""蝴蝶篇""逃婚记""资讯蔓延""猫在钢琴上昏倒了""丛林野兽""上班族面具篇"等充满省思与批判传统的广告片，与其他画面唯美、老王卖瓜的片子大相径庭，塑造出"司迪麦"所代表的社会现象深省者的形象。

"司迪麦"口香糖与其他牌子的口香糖大同小异，但它之所以能迅速地攻占台湾省的大片市场，在于它不只是卖口香糖，而且还推销它的创意，寻求青少年和上班族的认同。

在美国，有一个家具商人，在经营了40多年的家具生意后，才深刻地感受到，光是单纯卖家具是不够的，最主要是要能卖出家具所代表的象征意义。例如，温馨、舒适、随心、适意，使家成为一个充满爱与关怀的地方，也就是推销"家"的感觉。

从巧克力的感性字眼、口香糖的社会意识到家具的温馨，甚至前述案例中的友情、人性化、休闲、生活、品味，都在显示出消费者重视产品所给予的感觉更甚至产品本身。

日本知名企划师渡边寿彦说："推销'物'的时代已过去了，现在是推销'事'的时代。人们愿意付钱购买有趣的事、美丽的事、愉快的事以及发人深思的事。"

渡边的一句话，点出了所有产品销售的关键。

2. 用加法和减法改变产品

维他命加钙是什么滋味？爱因斯坦告诉你是"聪明的滋味"。生活中许多令人惊叹赞许的创意，常常来自一个偶发事件，它像是露出一小端线头的创意泉源，聪明的人灵机一动，牵着它便能找到一线生机。

当市场出现太多类似的产品而呈饱和状态时，如何研发出新产品以有别于其他品牌是势在必行的事。开发新产品似乎是一件困难的事，可是有一些原则绝对可以给你一些帮助，读完本节后，你会了解"开发"并不像你所想象的那么困难。

如果企业资本雄厚，当然可以斥资在人力、物力上进行这项工程，倘若是小企业，不妨参考以下两点小妙方：

·为旧产品加料（组合）。

·为旧产品去料（拆开）。

首先，如何为既有的产品加料呢？

就像本文开头所说，"维他命加钙"的汽水。本来汽水给人的印象是"碳酸化合物"，一种好喝却没有营养的饮料。中国台湾维他露公司的董事许霖金有一天在开会时，想服用维他命片，却找不到开水，只好暂用汽水代替，这一喝，脑中突然显现了一瞬间的灵感，心想："何不将这两种东西组合起来，让人们同时达到解渴和强健身体的目的呢？"因为这一"组合的观念"，使得维他露在市场上大为畅销。不管是否真能达到这两者兼收的目的，至少人们在喝它的同时，感觉自己尝到了维他命所产生的"聪明"的滋味。

除了维他露汽水之外，类似饮料加"料"的例子还有很多，像是咖啡加冰淇淋、加酒、加水果等现在正流行的创意咖啡，运动饮料，还有布丁加牛奶、加巧克力、加水果，甚至精致实用的多功能文具组合、五金工具组合……这些都是经过多种同性质产品组合或添加一些口味所产生的新产品，不需花费巨资就能达到创意的功效，也是产品的一大卖点。

其次，如何为产品去料呢？

"健怡"饮料给了我们很好的示范样本，将饮料中所含的高卡路里的糖分去除，使爱美的女性不致因为喝多了糖水而发胖。此外像无糖的乌龙茶、低脂鲜奶，都是"去料"的饮料。不单饮料市场如此，其他产品也能做这类的革新。例如，从前有一位日本家庭主妇，有感于寒冬中戴手套做事不便，脱下手套又太冷，于是将手套的五指前端剪去一截，使手指能露出手套外，又不致受冻，这项发明造成现今市面上的手套都具有"可以掀开五指工作"的功能。

产品革新不难，难在如何激发出创意巧思。专业人士自有一套创意思考模式，而一般的老百姓，只要能留心观察生活中的点点滴滴，使看起来极为平凡的小事情也能变为致富赚钱的巨大契机。

3. 商品要"金装"

"包装"是商品所有制造过程中最后一项也是最重要的一项步骤。在任何情况下，包装都具有一种重要的实际意义。

　　人们不会完全理智地从生产技术、价格和生产过程去判断一项产品的真正价值以及决定是否该买下它，但包装可以决定产品给人的印象。成功的包装可以让产品看起来更为精致，促进消费者的购买意愿，相反，失败的包装只会让商品看起来"不值得买"。

　　商品本身的价值，已经无法完全满足消费者的需求，顾客之所以购买某一项产品，厂牌名称与包装所烘托出来的表面价值，可以说是促使他们购买的一个原因。因此，我们说包装是"无声的推销员。"

　　俗话说，"人要衣装，佛要金装"，同样，商品也需要靠"包装"来凸显它的价值。

　　商品包装最基本的原则，是要让顾客一眼就知道商品的内容，例如，一碗快餐如何冲泡、材料成分及价格多少，这些信息都必须在产品的包装上面说明。

　　但是，同样沿用速食面的例子，几乎所有的速食面包装上都印有看起来色香味俱全（牛肉大块、虾子大尾、青菜翠绿又大叶）的精美图片。然而，实际上这些表面丰富美味的食品，经常浓缩在一小包调味包里：牛肉一小块，虾子也是有，只不过换成了小虾尾，青菜？别傻了，有玉米粒三两颗就该谢天谢地了。

　　因此，生意人在为如何将商品包装得更诱人时，别忽略了产品本身是否具有诱人的条件，如果只是粗制滥造的商品，可别将它的包装塑造得太过完美，因为重者触犯法律，轻者让消费者有受骗的感觉，下次决不会再购买了。

　　如何在消费者购物时，从众多相同的品牌中脱颖而出，"包装"占有很重要的因素。

　　一般来说，品质和价格差不多的商品，促使消费选择的是在于消费者对它是否"有印象"，而且包装看起来比另一件好。例如，葡萄酒瓶盖不同的两种葡萄酒，一种瓶盖做得像易拉罐般，拉开拉环即可饮用；另一种维持现今的软木塞盖，你会选择哪一种呢？

　　固然易拉罐饮用方便，没有如软木塞太紧、拔不出来的困扰。然而，一般人脑海中早已将软木塞与葡萄酒联想在一起，认为喝葡萄酒就得用软木塞，才能显出高尚、原始的风味；而且易拉罐虽然开启容易，却无软木塞的保存作用，也无法令人联想到保存年代久远的琼浆玉液般的葡萄酒。因为易拉罐给人廉价的感觉，所以葡萄酒商即使要改变包装以促销，也不应冒着向消费者既存印象挑战的危险而改用易拉罐式包装。

大家在对产品进行包装时，应注意以下三大要点：

（1）改变商品使用方法

你知道现在用软管挤出的牙膏是怎样被发明的吗？早期的牙膏不叫牙膏，叫作"牙粉"。有一家公司专门制造牙粉出售，后来人们向该公司反映牙粉使用不方便，厂商便研究改良，将牙粉制成膏剂状，让人们用很小的管口挤出牙膏，将它均匀地抹在牙刷上使用。这项改良虽然造福了消费者，然而厂商却吃了大亏，因为牙膏的管口太小，人们一次只用一点点，一管牙膏可以用很久，自然购买率就不会很频繁。于是，厂商再度研究，将管口增大，使消费者对牙膏的用量增多，厂商也乐得多卖几管牙膏。

同样道理，一杯奶茶，如果用大吸管喝，两三口就喝光了，而改用小吸管喝却可以喝很久。虽然是分量相同的东西，消费者会认为后者的分量较多。这就是包装的魅力。

（2）衬托质感

包装最重要的功能就是衬托质感，让人感到买了一件物超所值的东西。同样的花束和价格，用报纸包成一堆和用包装纸、彩带加以装饰，试问你会买哪一种？

以化妆品来说，高价位的化妆品牌必定以超级巨星为代言人，将其打扮得雍容华贵，仿佛女士们使用之后，也能和她一样美丽。而且化妆品本身的外观包装就非常精美，尤其是香水瓶，各式各样晶莹剔透的小瓶子，让人爱不释手，甚至有想买下它收藏的冲动，这就是包装的魅力。

（3）运用色彩

色彩在包装运用上占有极重要的地位，它能为商品传达各种印象，例如，红色代表热情，白色代表纯洁，黑色代表阴沉。运用色彩时，要配合公司的形象和产品的特质，例如，咖啡的外包装大都是咖啡色的，而"蓝山咖啡"却因为名字有"蓝"字，便运用蓝色罐装，加强消费者的印象。运用色彩成功的例子很多，较为人所知的有"麦当劳"，用黄底红字"M"来强调温暖、舒适及欢乐的感觉。

4. 创意产品

DIY大行其道

自己动手做（DIY）已成为现代流行趋势，年轻人常挂在口头上的一句话Do it yourself! 各式各样的产品跟着这股潮流走，一时之间蔚为风尚。工艺品要DIY，玩具布偶要DIY，甚至五金、家具、电器用品、电脑、服饰，都要DIY，就连餐饮业也抢搭DIY这趟列车。

近来，人们不再喜欢厂商把产品都替我们组合得完整无缺，人们喜欢享受自己参与制造过程的乐趣，即使组合成的产品不如既成品完美，但是它多了一点儿"人情味"，在拆拆合合的过程中，仿佛回到了小时候拆开手表看看内部齿轮运转的趣味，而完成作品时的成就感，更是既成品所不能替代的。

"趣味"和"成就感"是DIY产品风行的两大因素。

暑假期间，年轻人纷纷倾巢而出，百货公司也出现不少手工DrY专柜，以指导老师现场传授的方式，让消费者现学现做。目前百货公司最多的手工DIY是纸黏土、面包花、一些金编彩带及串珠首饰，等等。这一两年来，自己动手做装饰品的风气大盛，吸引了不少消费者青睐，在材质色彩及种类的变化上日趋多元化。

此外，"麦当劳"多年前推出一项DIY促销活动（薯条自己摇），效果奇佳。据麦当劳的负责人表示，限于整个生产配额的限制及其国际化的竞争程度，要在既有的产品中推陈出新是一件不容易的事。但由于那次的DIY活动成效甚佳，使原先仅设定一个月期限的促销活动，再延长一周。

目前，DIY主要顾客层多为12～35岁年轻人。这类DIY产品，让顾客拥有更高的自主性是未来新趋势。

与众不同的个性化商品

随着生活水准的提高与消费需求日益多元化，越来越多有个性的专卖店相继出现。这种专营某一类商品的店，因具备单一专精、个性明显的特色，越来越受消费者的喜爱。

由于这类商品本身具有特色，加上诉求明显，业者通常不需做太多的广告宣传，就能吸引顾客上门。

在经营形态上，专卖店大都采用开放式货架陈列、自由选购等方式，在购买时，也不会有销货小姐在旁鼓吹、推销。而在装潢上，个性专卖店更重视店面外观及内部装潢设计，按照顾客层次需求，规划商店的风格，或清洁明亮，或浪漫优雅，或前卫大胆，通过极具性格的外部特征强化店铺的诉求。

至于服务品质，更是个性专卖店一项卖点，店员不仅出售商品，更出售商品知识，所以每位店员都必须接受产品知识、功能、使用方法、销售技巧的训练。而为了掌握特定的客户，最常采用的便是会员制的方法，通常是规定一次购满一定金额以上或积累到相当的金额，即可获赠贵宾卡，除享有折扣的优待，还可参加业者举办讲习或座谈会的活动。

栩栩如生的陶瓷和尚

在一则广告里，圆嘟嘟的小和尚说："师父，你该尝一尝。"这个小和尚圆头圆脸圆鼻子，全身上下像是由各种大小不同的圆所组成，煞是可爱。看了这则广告，让人不由得对这个小和尚产生了亲切和喜爱。

影视界一直流行小和尚风，凡是片子里有少林小和尚出现的一定卖座，从前人们喜欢少林和尚，不过由大和尚改成武功不一定很厉害，却淳朴可爱的小和尚，一部部影片都票房告捷。

聪明的商人看到人们对小和尚的喜爱，推出了一系列以小和尚为主角的陶瓷娃娃，从前精致美丽的陶瓷娃娃现在变成圆滚可爱还带有一点儿英气的光头和尚，或坐或站、有手握经书、有持帚扫地、有打太极、有戴圆眼镜，各种姿态，栩栩如生，软化了一般人对和尚崇敬严肃的感觉，却多了一分亲切。所以这类和尚娃娃的卖风正盛。

陶瓷和尚不仅赢得广大佛教徒的喜爱，男女老少对它都青睐有加。

当然，说到陶瓷小和尚，在此并非鼓励大家都是跟风。举这个例子的目的，无非是希望读者能举一反三，屹立潮头而非一味地跟风。

打破传统的生意思维

人们的意识形态已经由"拼命生产，拼命消费"的成长主义，变成了"尽情享受，客人至上"的精神消费主义，也就是健全的生产、健全的消费。这种变化，聪明的生意人不可不注意。

1. 涨价也是一种宣传

通常业者都会采取降价打折的方式来吸引消费者购买，然而在此，我们要告诉你另外一种反其道而行的宣传方式——涨价。

生意人最怕听到顾客抱怨涨价，有没有什么秘诀可以让顾客谅解呢？有。例如，把涨价变成一种宣传。

"因原料价格一涨再涨，本店情非得已，略涨小幅，恳请见谅。"假如是一个中规中矩，从不乱涨价的店，这段话可充分发挥了说服力。

有一个餐厅老板，在涨价一周前，贴出了一张涨价通知的海报。海报上一一列记现在的价格和涨价之后的比较表，这种大胆的作风引起了人们的注意。更聪明的是，他又在价目表下附记："涨价前三日，五折大优待。"

从20元涨价到30元的小小一杯咖啡，可是在涨价前却只卖15元——于是吸引了许多的客户前来。这三天里，门庭若市，盛况空前自不在话下，有些甚至不怎么喜欢喝咖啡的人也为了盲目地抢搭便宜列车，跑来喝一杯。也许是由于店主的古怪和幽默激起客人的消费欲吧？涨价之后，生意居然比以前更兴隆了。

在新店面开张或是纪念创业多少周年，甚至结束营业、清仓等时候，用"×折大优惠"这一类的宣传，已经是老套了，没什么新奇之处。可是用在涨价上，恐怕是推陈出新的新招。这种做法比起啰啰唆唆地向顾客请罪更加高明。任何不利的情势都不畏惧，反败为胜，转祸为福，这种创意才是屡战屡胜的"生意精神"，值得学习。

2. 开业前的宣传

每一位生意人都想"开张第一天，就有顾客蜂拥而来，造成抢购一空，订单应接不暇的局面"。当然，小生意最重要的是跟地区的结合，开张之前，要下点儿功夫，像宣传气球、招待饮料或是给过往行人发宣传单、面巾纸、气球、挨家挨户发海报等，这些花样对顾客来说，都已经司空见惯，没什么新奇了。因此，开张第一天的噱头越来越花样百出，出奇制胜，无非就是要引起人们的注意。但是，如因商店陈设普通，所经营销售的货品也没有什么特别之处，即使宣传噱头再怎样翻新，也免不了失败的命运。所以要先有好的销售内容，宣传术才能得以发挥制胜。

在东京的银座，有一家Coffee Swop，开张时做出一个"抓千元日币"的花招。这个游戏的规定是：参加资格只限于穿迷你裙的小姐，而且只能用脚趾去抓。这个花样在周刊、新闻报纸上大肆宣传。一些爱好摄影的、好奇的客人，一大早就跑到店里，使得店里挤满了人，连店外都围了一大群好奇的人。然后该店又在新闻报纸上大肆宣传这次活动的盛况，并配以大幅图片，把这个活动变成了人们茶余饭后的聊天资料。但是从这一天以后，店内生意又慢慢地走下坡，客人渐渐稀疏了。到现在，这家咖啡店的生意并没有什么特别兴隆。这个店给人一种"用钞票招揽客人"的印象，客人心知肚明得很！

因此，除了噱头之外，良好的经营方针及不断改进的产品才是维持生意长久之道。类似银座这种卖气氛和派头露骨地用金钱来做宣传，必定无法持久地巩固客人的心。

一位经营超级市场的生意人表示，哗众取宠的花样已经不受欢迎了。他在开第三间分店时，并没有像其他店铺那样玩花样，搞宣传，或是办什么比赛，而是采用体贴客户的"以旧换新"方法。

在开张以前的10天内，每天叫店员挨家挨户地访问，向社区内各户人家回收废弃品。每户人家几乎都有一些废物舍不得丢弃，例如，故障的电视机、收音机、老祖母的百宝箱、用坏的沙发、茶几等，想丢弃又舍不得，放在家里又占地方。这家超级市场就帮他们"以旧换新"，以旧物折旧后的价格换取公司等值商品。这正符合高度成长期"用后即丢"的经济原则，实在是深谋远虑的策略。

不见得每家小商店都要学习这家超市的宣传手法，而且这样的做法非有雄厚预算成本才行得通。然而那种挨家挨户访问的精神，不但可为商店做广告，而且可拉拢社区间居民的感情，赢得居民"脚踏实地、亲切热诚"的良好印象。

3. 重点打折优于全面降价

现在已经没有人会被"全面大减价""全场五折起"这一类的大减价所蒙骗，以后将是采用重点针对的小减价时代。

顾客因为常常看到"大减价"的广告，走进商店一看，货色不多嘛！尺寸也不齐全，价格也像灌水之后再打折，一下就识破"大减价"的虚伪伎俩。现在的顾客已经不那么容易被"大减价"的广告文字所吸引了，大体上，即使是资金雄厚的大型商店，搞一次大减价也是吃不消的，往往不得不鱼目混珠，商品良莠不齐。小商店如果想要东施效颦，更不是一件容易的事。

一、有些商店会打着"跳楼大甩卖！""流血大清场！""最后一天！"的口号，让客人产生捡便宜的心态，但现在的消费者何其精明，早就看穿了所谓的"跳楼""流血""最后一天"的拙劣伎俩，今天来看是"最后一天"，隔一个月再来，还是"最后一天"，老板也并没有跳楼、流血，大众早就对这种广告词不以为然了。同样，也没有人会因此而入店抢购一番。

减价货色的准备、商店的布置、大幅度的打折，样样都是令人头痛的事。至于"清仓大减价""换季大拍卖"，那些只为脱货求现，清理存货，不求赚钱，另当别论。如果纯粹只为了生意好，何必花那笔冤枉钱，瞎忙一阵呢？

一般小商店做"大减价"这种噱头，不是挂羊头卖狗肉，瞎热闹一阵，就是真正的不惜血本。因此，建议各位，重点式的减价比全面大落价更能取信于人。例如，"绅士皮夹八折""长袖衬衫五折"。这样，只要将打折那部分搞定即可，货色准备也很简单，而且脱货求现的大幅度打折也很容易做到。多做几次，不但使商店热闹滚滚，也不会造成商家诸多困扰。

这种小减价可以获得普遍客户的支持，他们甚至会抱有"下次是什么东西要打折？"的期待心态。除了重点式打折之外，推出"每日一物"也是很好的点子。同样的道理，每天推出店内一样商品，打着99元的口号，配合"100元有找"的促销手法，让顾客有便宜又期待的感觉，对生意来说一举两得。

4. 洞悉顾客心理

对于你的顾客，了解得越清楚越好，要了解顾客是怎样一个人，不只是了解他"个人"，同时还要了解他的消费习惯。这话怎么说呢？

从前，日本名古屋热田区有一家酒店，店主人是一名大学刚毕业的青年，他从父亲遗留的财产中，继承了这家酒店。他并不只是抱着玩玩的心理想尝一尝做生意的滋味，而是打算将在学校所学的经营学加以运用。"店在市中心，这么一来，生意必定很兴隆！"他乐观地说。可是不久，那些跟他父亲熟稔的老主顾纷纷发出"感觉不习惯""怪怪的"怨言，这使他惴惴不安。尽管店内装潢和布置都经过他细心改良过，但是顾客数目却日益减少，不免使他丧失了做店老板的信心。

有一天，偶然在架子上发现了一本父亲的备忘录，字体潦草，但是仍可以辨认出那是记着那一个客人爱喝什么酒这一类的事。对他来说，这无异是一个强而有力的指引，就像黑暗中出现了曙光一般。从此以后，他努力收集客人的资料，根据这些资料，不待客人开口，他已能熟悉地说出他们要点的菜，要喝的酒，使客人有"深得我心"的感受。这个年轻小老板重拾信心，使他不只是建立了客人的光顾习惯，也让店里的业务蒸蒸日上。

最近有些美容院做了像医院病历表一样的资料卡，详细记录下每个顾客的发质、发色、喜好、年龄、职业、生日等资料，保存起来。

"这款发型较适合你的身份地位""你的发质烫这种发型较不会受损害"。像这样无微不至的关心，给予顾客的印象一定不同凡响。

顾客的所有资料并非那么容易收集整理，但是这种了解顾客的方法，日积月累，和顾客建立了互相信赖的关系，是比什么都有力的。顾客的资料是小商店宝贵的无形资产。

5. 反向思考，创造商机

灾难本是祸，但切记，祸福本相倚，祸的另外一面就是福。天灾人祸都不失为宣传良机。

中国台湾发生了一次大水灾，几乎每家第一层和地下室都受到损失。其中，尤以布店、服装店所受损失最为严重，几乎所有商品都报销了。然而，水灾退去的第二天，各布店、服装店无不贴出"灾难大拍卖"的广告，五折、六折、七折……人们的心理本来就怀着"趁水灾过去买件服装、布料，一定会便宜很多"的心理，于是蜂拥而至，争相抢购。不但是水渍布料、成衣，甚至店里苦于多年卖不出去的存货，一下都被抢购一空。一次水灾所带来的不是灾难，而是大把大把的钞票。

"塞翁失马，焉知非福"，店主经过这次抢购风潮，店内存货一空。揣测着未来必将有数日冷市，于是就运用这笔现金，乘机把多年想要整修而找不到机会的店面好好整修一下。之后，又是一番新面目。

报纸上曾出现一则不醒目的小新闻，报道一家钟表行遭到小偷光顾，损失数十只手表。但是过几天，这家钟表行在报纸上夹进了宣传单，上面写着："×月×日遭逢失窃，承蒙各方关注，本店无限感激，为答谢顾客，即日起至×月×日止，一律×折优待。"这是多么诱人的宣传。新闻报道给人的印象是很淡薄的，但这些宣传单却充分发挥了宣传效果。

被大货车撞击，遭瓦斯爆炸，现代的灾难可谓五花八门。遭逢到这些灾难的确是很不幸的，但是光懂得相对而泣，茫然若失，是无济于事的，这个时候才是生意人表现其经商创意的良机。

潜能需要积极者来开发

人人都有一个巨大无比的潜能等待他去开发。只要能保持积极成功的心态就会心想事成，走向致富。消极失败的心态会使人怯弱无能，走向贫困，这是因为放弃了伟大潜能的开发，让潜能在那里沉睡。

任何致富者都不是天生的，致富成功的一个重要原因就是开发人的无穷无尽的潜能，只要你抱着积极心态去开发你的潜能，你就会有用不完的能量，你的能力就会越用越强，你的财富就会越聚越多。相反，如果你抱着消极心态，不去开发自己的潜能，那只有叹息命运不公平且越消极越无能！

　　无论遇到什么样的困难或危机，只要你认为你行，你就能够处理和解决这些困难或危机。对你的能力抱着肯定的想法就能发挥出积极心智的力量，并且因此产生有效的行动，直至引导你走向致富。

　　下面是一只鹰自以为是鸡的寓言故事：

　　一个喜欢冒险的男孩在他父亲养鸡场附近的一座山上，发现了一个鹰巢。他从巢里拿了一只鹰蛋，带回养鸡场，把鹰蛋和鸡蛋混在一起，让一只母鸡来孵。孵出来的小鸡群里有了一只小鹰，小鹰和小鸡一起长大，因而不知道自己除了是小鸡外还会是什么。起初它很满足，过着和鸡一样的生活。但是，当它逐渐长大的时候，它内心里就有一种奇特不安的感觉。它不时想，"我一定不只是一只鸡。"只是它一直没有采取什么行动。直到有一天，一只了不起的老鹰翱翔在养鸡场的上空时，小鹰感觉到自己的双翼有一股奇特的力量，感觉胸膛里心正猛烈地跳着。它抬头看着老鹰的时候，一种想法出现在心中："养鸡场不是我待的地方，我要飞上青天，栖息在山岩之上。"它从来没有飞过，但是，它在内心有着飞翔的力量和天性。它展开双翅，飞到一座矮山顶上，极为兴奋之下，它再飞到更高的山顶上，最后冲上青天，到了高山的顶峰。它发现了伟大的自己。

　　当然会有人说："那不过是个很好的寓言而已。我既非鸡，也非鹰，我是一个人，而且是一个平凡的人。因此，我从来没有期望过自己能做什么了不起的事。"或许这正是问题的所在——你从来没有期望过自己做出什么了不起的事来。这是事实，而且，这是问题严重的事实，那就是我们只把自己钉在自我期望的范围以内。

　　但是人体确实具有比表现出来的更多的才气、更多的能力、更有效的机能。

　　有句老话说："在命运向你掷来一把刀的时候，你可能会抓住它两个地方：刀口或刀柄。"如果抓住刀口，它会割伤你，甚至使你送命；但是如果你抓住刀柄，你就可以用它来劈开一条大道。因此，当遭遇到大障碍的时候，你要抓住它的刀柄，换句话说，让挑战提高你的战斗精神。你没有充足的战斗精神，就不可能有任何成就。因此，你要是能发挥战斗精神，它就会引出你内部的力量，并把它付诸行动。

每一个人的真正自我都是有磁性的，对别人具有强大的影响力和感染力。通常说某个人"个性很有魅力"，这是因为他没有压抑自我的创造性和具有表现自己的勇气。

"不良个性"（也可称为被压抑个性）是对个人潜能的一种压抑，其特征是不能表现内在的创造性自我，因而显得停滞、退缩、禁锢、束缚。受压抑的个性约束真正的自我表现，使个体总有理由拒绝表现自己、害怕成为自己，把真正的自我紧锁在内心深处，并大量地消耗着心理能量，使身体终日处于疲惫不堪的状态，思维也几乎陷于停顿境地。

压抑的症状很多：羞怯、腼腆、敌意、过度的罪恶感、失眠、神经过敏、脾气暴躁、无法与别人相处，等等。

正如前面所述，每个人自身都蕴藏有无限的潜能，只是未被激发或受到压抑。

如果你见了生人就害羞，如果你惧怕新的陌生环境，如果你经常觉得不适应、担忧、焦虑和神经过敏，如果你感觉紧张、有自我意识感，如果你有类似面部抽搐、不必要的眨眼、颤抖、难以入眠等"紧张症状"，如果你畏缩不前、甘居下游，那么，说明你受到的压抑太重，你对事情过于谨慎和"考虑"得太多，限制了你的个性发挥和表现。

假如你是由于潜能受到压抑而遭到不幸和失败，就必须有意识地练习解除抑制的方法，让生活中的你不那么拘谨，不那么担心，不那么过于认真地学会在思考之前讲话，戒除行动之前"过于仔细"的思考。

打开潜能的月光宝盒，你会发现一个与众不同、优秀的自己！

创意与人格

1. 性格影响创意

美国某大学从20世纪50年代开始进行了一项历时35年的追踪研究，他们追踪了1500位高智商的所谓天才儿童，考察他们成年后的发展和成就。这些高智商儿童普遍来自中等或以上收入的家庭，由于有较高的学习才能，所以一般都接受过优良的教育，他们成人后，大部分都有颇佳的发展，享有中等以上的收入和物质回报，有的成为企业的主管；有的从政，成为议员；有的当了大学教授，偶尔发表一些学术著作。但令研究人员惊讶的是，没有发现一个像爱因斯坦、爱迪生、毕加索等能改变世界的创意天才，他们都只能做到表现平凡以上而已，研究结果远远低于研究员的期望。由此可见，创造力其实与智商的高低并没有直接的关系。

我们认为，创意能力的高低可能和性格的特质有较大的关系，因为性格是由一个人的成长经历、众多思考和行为框框所组成的。以下的性格特质有助于你冲出常规思考框框和接受新鲜事物：

·好奇。对未知的事物有极强的好奇心和求知欲，敢于提出疑问和异议，喜欢独立思考，不会没经过思考就接受别人的结论。

·灵活。反应敏捷，易于接受新的事物，能够随机应变，具备融会贯通各种观念的能力，做事有弹性，不喜欢做刻板和不断重复的工作，不喜欢按既定的成规办事。

·包容。兼容并蓄，宽容大度，能容忍和接受暧昧、矛盾的事情。

·乐观。以正面积极的心态看事物，永远都抱着没有失败、只有回馈的心态。

·主动。有很强的内在行动动力，精力充沛，兴趣广泛，喜欢接受挑战。独立思考，不被权威吓倒，能主动提出质疑，并以坚毅不屈的精神，直至找到答案为止。

·专注。对自己的目标，有异于常人的追求，简直到痴迷的地步，全情投入，废寝忘食，不离不弃，直至颠倒日夜不能自拔。

·幽默。幽默是语言思想的改道，笑是解决难题的最佳药方，有幽默感，爱笑和令人快乐的人比悲观的人更容易诱发灵感和新的主意。

·幻想。丰富的想象力，信任直觉，爱沉思可以说是创意人的标志。

我们不会保证拥有以上特质的人就一定很有创意，但却可以肯定这些人活得更有弹性，能掌握更多的心理和环境资源，会有更多的选择。选择越多，成功机会越大。

性格创造命运，对于爱进行创意性思考的人来说，拥有以上的性格特质往往比高智商的人更加有能力开拓新世界。近年教育界人士提倡素质教育，要学生学会创造，并教导他们如何解决问题和掌握创意的方法技巧，也就是基于以上认识。

2. 假设是创意的前身

前提假设是在做事之前，人们对事物的"信念""规则"及"价值观"。创意绝对不单是技术习惯那么简单，它是一种生活方式，一种信念和一种价值观，价值观是个人的是非准则，是给予我们生活的一些方向，使我们前进时可以有所依从，它是行为的基础动力。在掌握创意技术之前，先装备自己，相信以下的"创意前提假设"：

（1）地图不能完全反映真实

爬山时不要完全相信手里的地图，因为即使地图画得再精细，也不可能反映真实的场景，更何况是每个人的脑内都有不同的滤网，会形成不同的地图。每个人都拥有一幅自己的地图去理解世事，只需确认大家有不同的地图，就能减少许多无谓的争论。如果能够不停地扩大自己的地图，就能越来越接近真实。学习的目的，就是要扩大自己的地图及兼容别人的地图；能兼容其他人的地图，就可增加一种选择，令自己更有弹性，更易适应不同的人与事。多一幅地图等于多一个参考指标、多一分创意的本钱。

（2）任何一种已存在的技能通过学习均能掌握

我们是可以通过观察及模仿，去做别人做到的事。学习是可以通过观察和模仿掌握得到的，你可以模仿爱因斯坦，但这并不是要你做物理学家，而是要你模仿他的思维过程。心理学家发现，爱因斯坦思考时是会先抑制文字和语言的干扰，用图像化的方法去想象自己想要的，图像清晰后再以文字符号深入探索。你也可以用同样的程序来思考，改变一下惯用的模式，肯定会有精彩的发现。模仿能为自己提供多一个选择，令自己能达到自己想学习的技能。

（3）身心同源

大脑影响身体的运作，同样身体的律动一样可以影响大脑的状态，因为身心是互动的。

当你想着你很疲倦时，你的身体亦会做出相对的反应，例如，眼皮下垂；当你觉得自己很精神时，你的姿势也会因而转变。知道身心同源之后，当你想有所转变时，就可以从两方面入手：一方面可以改变心里的想法，但要改变想法并不容易，所以我们可以用另一种方法，就是改变姿势，从而改变心里的想法。

当你昂首阔步向前行时，会觉得人生充满希望，信心十足。因此，如果某一天当你觉得自己信心不足时，可刻意地抬起头来，以避免垂头丧气。

给你一个小窍门：当你遇到不如意的事时，或者需要力量来完成工作时。可以选择想一些开心的事，抬起头做个积极有劲的动作，你必定会感到有动力得多，因为身心同源，互相影响。

（4）你不能"不沟通"

只要有人的地方，你就不能不沟通，即使你不发一言，参与本身亦已是沟通的一种。

（5）得到回应才是沟通的意义

像发射导弹一样，要不断收集回应，才可以知道是否需要改变及如何改变。每一个人的接收系统都不同，对同一句说话的反应都不同，沟通的原则就是你发出信息，等待回应后，再做进一步行动，回应才是你最重要的收获。

（6）任何一种行为都有正面的动机

如果你遇到一个有暴力倾向的人，我们是很难改变他的，那么请用另一个角度来看，他在实施暴力时是有他的正面动机的。所谓正面动机是指该行为对他个人或者环境是有正面的、善良的原意，例如暴力行为是为了宣泄情绪，宣泄情绪对身心健康是有正面影响的；再进一步想想，要宣泄情绪，暴力是其中的一种选择，用其他方法如运动、跳劲舞同样可以达到目的，于是乎便多了其他选择。

当我们有这个信念，许多行为都变得中性，而不会认为一个犯错的行为就代表此人是无药可救；我们会有更多其他选择来满足这个正面的动机，而无须要用一些侵略性的行为来满足这些正面的动机，只要我们可以寻找到每件事的正面动机，就可以有更多选择，能掌握创造和改进的道路了。

（7）失败是一种回馈

回馈可以视为一个结果，即是表达世界上没有任何一件事能称为失败，例如，爱迪生在试用了9000多种方法都不能发明出灯泡时，他的朋友对他说："你失败了9000多次，不如放弃吧！"爱迪生表示他并没有失败，只是成功地找到9000多种不能制造灯泡的方法，因而越来越接近成功。

如果你也有这个信念，你会减少许多挫折感。

许多人因怕失败而停步不前，因为他们不允许自己犯错，他们会以一次犯错为天大羞耻，所以不会成功。人可以犯错，只要不再犯同样错误。

（8）选择越多，成功越大

越多选择，越大成功。假如你有5招，而别人有7招，对方赢的机会就比你大；相反，如果你有10招，而对方只得7招，你就有机会赢。一个徒弟问他的师傅，如果对手和自己在地上均有一条相等长度的线，如何能赢到对方，他的师傅回答说："我们没有办法令对方的线减短，但我们可以无限延长自己的线，这就是胜利的法宝。"

（9）如果现在的方法不行，用其他方法

用拳头不能将钉子钉入墙壁时，你不应该再"大力一点儿"，你应该找个锤子或砖头，一切问题就迎刃而解了。

（10）你拥有所有需要的资源

人们已经拥有所有需要的心理资源，包括创意、自信、快乐、活力、勇气和健康等，只是我们不懂得在适当时间提取出来，加以运用。

修炼创意七部曲

1. 创意开发四大阶段

如果你认为你天生就没有创意，不用担心，因为创意是可以学习的。

无可否认，人生就是个大课堂，每一天我们都要学习新事物，否则不能适应时代迅速的步伐，既然我们不能不学习，那么我们就需要知道什么是学习？否则可能会浪费了宝贵的时间，但却得不到好的成果。

回想一下刚学骑自行车的时候，或者刚学打字、弹琴等技术时，你的动作是怎样的，是慢还是快呢？是纯熟还是笨拙呢？想想你第一次跨上自行车、第一次将手放在键盘或琴键上时，你的心情是怎样的？是不是当时要记的事项特别多，几乎令你有如坐在针毡的感觉？

如果你坐上新手开的车上，为安全计千万不要和他交谈，因为他已经很忙碌地应付各方面的情况。但过了一段时间，这个新手再载你一程时，你却发现他可以一边与你交谈、一边听音乐、而又能安全平稳地驾驶，新手已今非昔比。

这就是学习的过程，学习一些新技能时，会经历以下四个阶段：

（1）无意识的不懂

无意识的不懂即是你不知道你不懂什么，就以学习中文五笔输入法为例子，在你未打算学习五笔时，你根本不知道你不懂什么，你对五笔可能完全没有概念或维持一个非常基本的印象。简单来说，就是你在一个不懂的状态。出现无意识不懂的最重要原因，是你根本不需要这种知识。当你每天都因循地做同一件事情时，每天都只是昨天的复印，你就不可能认识到你需要有创意，潜意识被那重复又重复的习惯所蒙蔽，创意绝对与你不相干。

（2）意识的不懂

当你觉得要转变了，你开始要学习一些你不懂的技能时，你就进入这个"知道不懂"的状态，很多新事物会令你感到新鲜。例如，你在学五笔输入法时，会发现在写中文字时，笔画方面的次序原来也有很多学问。这时，你意识到自己有许多事情是不懂的，于是愿意花时间去学习。

（3）意识地懂

当你已学习五笔输入法一段时间后，你开始懂得解码，不再像初学时要花5分钟时间才能拆解一个中文字，但你仍然很有意识地解码，以摸着石头过河的心情去运用你的技能。此时，电话、一切交谈只会令你分心，不能继续手中的工作，因为你用的是显意识来处理。其实我们的显意识每次只能处理一件事情，因此，如果你觉得你时常都不能集中，其实只因为很多时候你只是运用你的意识这一部分。但请不要放弃，很快你就会跳到下一个阶段。

（4）无意识的运用

当你继续努力，到这个阶段时，你完全可以掌握到五笔的窍门，你可以一边打字、一边电话聊天，你已不是在意识层面来操作你的技能，而已是运用你的潜意识了。当你到达这个阶段时，你可以一心两用，甚至一心多用。而根据心理学家的研究，我们可以同一时间处理5~9件事情，但这些必须是你熟练的事。当你能融会贯通时，这种学问或技能就能跟随你了。

学习创新跟学习五笔输入法没有两样。当你仍然像活机械人一样，只按既有的程序生活，你活在无意识不懂的状态，创意与你无关；你总不可能这样就能生存下去！于是，你意识到你需要学习创意这比较抽象的东西，这时候，显意识世界开始当道，你会很刻意地想些跟平时不同的东西，有意识地买一些教你创意思考的书阅读，做一些所谓有助创意或解决难题的练习，上培训班等等。你知道自己不懂，你会刻意地学习。你开始掌握一些技巧了，而且开始尝到创意带来的好处，你有意识地不断练习，反复运用所学的技巧，做决策时亦会刻意想一想有没有其他可行的方法。到最后，创意已经成为生活的一部分，根本没有必要刻意地想"创意"这东西，潜意识已经接管了这个学习区域，有关的技巧和意念会很自然地跑出来，你会进入一个更高、更新的境界，就是活出创意人。

请谨记：不断练习，不断运用，才能成为赚钱创意大师。

2. 不停地学习

有没有见过一些无师自通而打保龄球打得也不错的朋友，他们虽然偶有全中，但其姿势就不敢恭维，而且还很容易伤害了腰骨。当你这个朋友想改善他的技术时，教练开始会让他了解到以往姿势及动作是错的，可能会有回头太难的感觉。于是，他又开始重新学习打球，即是回到意识地懂的状态，但越学就越会发现有许多动作要做出改良，有时仿佛完全不懂打保龄球一样，突然会停下来，不知道下一步应该做什么，而这个阶段属于意识地不懂，只要坚持学习，很快就能一步一步地回到无意识懂的状态。

这个过程就是再学习的必经之路，但经过再学习后，我们懂得多一个招数来处理日常要事，如果你懂几种不同的中文输入法，你的生存能力一定会比那些只懂一种甚至不懂的人强。

如果你已是一杯注满的水，如何能载得下新加添的水呢？只要在你喝下原有的水后，新的水才能加入，而你就能拥有更多的技能，拥有更多的选择。

学习、再学习是保持竞争力唯一的法门。请谨记：越多选择，成功机会越大，学习新的事物是增添自己选择机会的最好方法。

3. 呼吸学习

其实大部分人活了半生仍不懂得呼吸，呼吸不单只为吸取氧气以维持生命，更是为了恢复精神的活动，保持大脑清醒，解除焦虑，使全身放松和使思维更加清晰，促进创意。

人们习惯了用肺部呼吸，只将空气吸入肺的上半部，这对身体不但无益甚至是有害的。人体大半的血液都储在腹部，将下腔（横膈膜）的血液压送到心脏和肺叶，对肺部交换空气和心脏的保健是很有益处的。同时，将意志力集中在丹田，可促进身心安全，使全身进入舒缓的状态。

正确的呼吸方法应该是用横膈膜呼吸，吸气是腹部微微胀起，呼气时腹部收缩，全身放松。练习的方法如下：

· 先深深地呼一口气，把体内污浊的废气呼出体外，呼气时腹部收缩；

· 轻轻地吸一口气，腹部微微胀起（心里数"1"）；

· 集中精神，让吸入的氧气停留在体内（心里由"1"数至"4"）；

· 缓慢地呼气（心里数"1""2"）；

· 如此反复练习，保持缓慢的速度，吸气时你会感觉到气体走遍身体，心情会变得更平静，头脑变得更清醒，思路会更清晰。

当需要创意思考时，就让新鲜的氧气进入你的脑部，成为身体的生力军，深呼吸更可以将体内的废气排出，维持身体健康，心灵愉快。

4. 保持专注地放松

有许多人常常说自己的注意力不能集中。如果你也有这个问题，就请留意你的意识结构部分。原来若只用那3%的显意识来处理事项，真的会出现不能集中的困难，因为显意识越希望集中精神，越会紧张，紧张时血液和能量分散到肌肉去，脑部血液相对减少，怎能集中呢？

保加利亚心理学家及快速学习法的创始人虞沙诺夫博士运用音乐、律动和图像方法，协助学生达到精神的阿尔法波（Al-pha）状态，即脑波为7～13CPS的放松状态，这是最佳的学习和创意状态，亦是潜意识最活跃的时段。

你也可以运用最简单的"视线定位法"来使自己的精神集中。方法是在放松的情况下，同时将视线集中在自己的手指，思想越集中，身体就越放松，直至觉得身体同时处于既放松又集中的状态。

身体放松的方法如下：

第一个步骤：静坐

·找一个舒适、安静的地方坐下（可以的话，最好盘腿而坐）；

·头部轻微下垂，头盖顶部对着天花板；

·闭上眼睛，好好享受静坐时的感觉；

·利用腹式呼吸法，缓慢地呼吸，当吸气时，心里念着"吸"或"1"，呼气时则念"呼"或"2"；

·先呼气，再吸气，呼气时间要比吸气时间长，好让体内的废气可随之排出；

·为免受不必要的骚扰，静坐时需关掉所有通信设备，如传呼机、手机等。

第二个步骤：能量球练习法

·放松你的身体，找一个你喜欢的坐姿，让你的身体更加放松；

·慢慢放松你的身体，有些人闭上眼会觉得更加放松，如果你觉得睁开眼会更加放松，那么就睁开你的一双眼；

·用你的幻想力，幻想有一个能量球在你的头上，你看见它在慢慢转动，亦看见它的色调，是你喜欢的色调。你开始看见能量球进入你的身体，它进入你身体的时候，你会慢慢觉得非常放松、非常舒服。能量球进入你的头，你的头、前额、后额慢慢放松，你会非常舒服。能量球慢慢落到你的面部，你面部的肌肉也随之放松，觉得非常舒服。能量球慢慢落到你的颈，你的颈、气管也随之放松，非常舒服。能量球慢慢落到你的肩膀，你的肩膀随之放松，非常舒服。然后能量球一分为二，落到你的双臂，你双臂的肌肉慢慢放松，非常舒服。然后能量球再落到你的一双前臂，一双手，并且每一只手指，你的前臂、手和每只手指都完全放松，非常舒服。然后能量球返回你的胸前，你胸部肌肉亦随之放松，非常舒服。能量球慢慢落到你的腹部和你的腰，你腹部和腰部的肌肉亦随之放松，非常舒服。能量球慢慢转到你的背部，你的背部肌肉及你的背脊骨亦随之放松，非常舒服。能量球慢慢落到你的臀部，你的臀部肌肉亦随之放松，非常舒服。然后能量球慢慢落到你的双腿，你的双腿的肌肉随之放松，非常舒服。能量球慢慢落到你的膝盖、小腿、脚及每一只脚趾，你的膝盖、小腿、脚及每一只脚趾也随之放松，非常舒服。上述过程你越放松，便越舒服。

每天练习最少两次，每次20分钟。

5. 图像思考

科学家利用脑部扫描技术发现，当身体处于放松和集中的状态下，大脑后方的视觉中心比平常活跃，视觉与创意是有很直接的关系的。

爱因斯坦是以想象一幅画面的方式来思考，发展出相对论的理论，他承认文字是他思考的限制，他少年时曾经想象坐在一束光在时间中飞行。美国心理学家兼身心语言程序学大师Robert Dilts研究爱因斯坦的思考模式，发现他是先以图像观想出整个问题的画面，然后感受内容，再用文字加抽象符号把概念写出来。

足球运动员也会在练习射每一球前先幻想自己的最佳姿势，入球时的动作和胜利后的欢快情景，全都在脑中预演一次，到练习及真正比赛时，表现会比没有思考过为佳。

要培养图像思考，除了学画画外，亦可利用视觉空间，先问一问你自己想要些什么，并强烈地相信你是能够实现的，然后观想当中的情节，在脑中播放，你越常在脑中播放自己想象出来的电影，就越容易在当中找到你需要的创意答案。

图像化的过程：

·订立一个目标；

·想象自己想要创新的东西或者想出现的景象，要仔细具体，最好可以配上颜色、声音、说话等，像放电影一样在脑中播出；

·持续想象这东西，可以的话把它画出来，钉在自己常见到的地方；

·相信自己可以实现；

·行动。

对于潜意识这个巨人来说，越简单直接的图像就越能打动它，越经常想到和提到，就越容易使它相信，它就越有动机使之付诸实践。

6. 黑格尔的三元结构理论

古希腊神殿中有一种同时看到两个相反方向的两面神，它帮助凡人可以看到事物的不同角度，可以更清晰地看透人生。希腊哲学里常用的悖理（Paradox）概念，就是在思考过程中要经常考虑事物的矛盾对立面。

万事万物都会有一个对立面，两面都有优劣，各有长短，若能交替互用，就能互补不足，产生新的观点。

这也是黑格尔的辩证逻辑中的一个重要组成部分，黑格尔是历史上最伟大的哲学家之一，他提出了辩证逻辑中的三元结构论，即每一个讨论的命题都可以从正题、反题及综合三个角度组成。看来复杂，其实是很简单的，当你想象如何融合、结合、混合或综合两个对立面使其产生出第三种实体时，这就是黑格尔的思维模式了。

依据这矛盾的对方互相依附的原则，可以进行反向的创意思考。

7. 联想、乱想法

建筑师布伦特要建造一条跨海大桥，但想不通如何避过惊涛骇浪，在百思不得其解时，偶然看到蜘蛛吊丝做网后，即恍然大悟，从而发明了吊桥。

蜘蛛思考法即是"联想"，联想是一条桥梁，将两个不同的概念联结起来，产生新的构想。自由联想、相关、组合是打破时间、空间和功能的限制，任意把事物的不同元素和特质，和看起来风马牛不相及或水火不相容的联想起来，产生无穷创意。

"量"是创造力的中心点，在相同的时间和环境之下，如果能够产生更多的构思和概念，赚钱的机会必定比人强。自由联想（或称为"自由乱想"）可以使我们在平常中产生更多的意念。

先找出一个主题或刺激，然后以多种方式自由反应，根据既有的知识和经验去做扩散式的联想，以寻找全新的联结关系。在联想的过程中不能批评建议，完全让潜意识自由发挥。联想的题材可以是图画、文字、音乐甚至是一种味道，总之，只要开放身体所有的感观，就可以想得更多。

8. 模组思考

请你猜猜下图是什么？

猜不到，没关系，把它们联结组合，又如何？如果还猜不到，请看下页。

这是一张卡通人物的侧面，也许你看到其他东西，这不重要，重要的是只单独地看一些宁缺毋滥的图案，对你是没有意义的，把它们连起来形成一块，才会变成意义。

大脑的思考不是直线的，而是以扩散的方式与其他资料联结成为一块有意义的概念。脑神经就好像八爪鱼一样向外伸出吸盘，将其他东西吸住，并赋予意义。脑是以模组方式运作的。

在脑海中，每一个概念都是一堆模组，每一堆模组都是一层包着一层地向外扩散。每一个模组的核心点通常是会和感觉情绪有关系的，心理学家称之为 S. E. E. （Signifieant Emotional Expe-rience），即是重大情绪经验，是主要的记忆体，我们会记得重大情绪经验，重大情绪经验是指最重要、具有巨大影响力的事情。

　　所有的事情都围绕着重大情绪经验，所以当你想起一件事，就会有连锁反应地想起其他的事情，如果这个重大情绪经验是一件快乐的事。

　　思考和记忆的结构是一步跟随一步，见到一个现象，就会想到下一个现象，一连二、二连三，是一连串的，例如想到初恋，就会想起和温柔可人的她的第一次约会，当时的环境气氛、日期、对话的内容，那醉人动听的背景声音等一连串你以为已经消失的影像，都一下回来了。其实所有曾发生在你身上的故事或经验，都已储存在你的潜意识内，模组思考就像钩子一样把它们整块勾出来。

　　假如你所记得的事是以1~5来代表，当你记得其中的第3件事，那么第2件及第4件事亦会随之而忆记起来，之后才会想起第1件及第5件事。模组思考也可以用于勾出创意。以下是一幅模组概念图，看看是否可以引发你新的思绪。

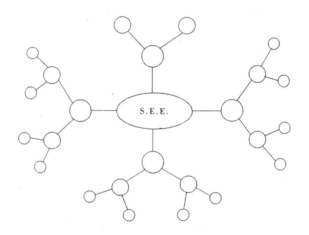

创意模组

画概念图时需考虑的要点：

　·主题放在最高中间的位置；

　·在放松无压力的情况下开始画；

　·每一条连接线都可以给它一个连贯词；

　·当扩展到一定的范围时，找出一两个衍生出来的概念，看看有没有方法联想或者乱想出有意义的新主意。

第五章　借助别人的力量为自己赚钱

为什么那么多富翁能够白手起家？

因为他们深谙取长补短、借力使力的诀窍。一个人的能量毕竟太小，但若能借助外界的力量，其能量则不可估量了。

善用别人的"口袋"赚自己的钱

做生意或投资都免不了资金的流入流出，手上银根紧时，高财商的人选择借或贷都是再正常不过的事了。但在许多中国人心目中，欠债依然是一件很不光彩的事情。当一个美国的企业家正在为借到了一大笔钱而兴高采烈时，在地球的另一边，一个中国家庭可能正在为借不借钱而发愁。

这个陈旧的观念应该彻底改变了。在市场经济的大潮中，负债经营已经成了一种再自然不过的事了。从生产、消费直到国家的经济行为，无不用负债方式，或者说靠负债支持。在发达的国家，几乎再也见不到个人掏腰包投资企业的事情了。企业的资金筹集，几乎都是靠负债的方式。企业在市场发行债券，筹集资金用于生产，是企业对债券持有人的负债。利用债券筹资，是负债经营最明显的形式。企业还可以从银行获得贷款，这是企业对银行的负债，而银行的钱又来自客户的存款，这又是银行对客户的负债。可见，用负债的办法来进行生产并不令人奇怪，恰恰是不负债才令人奇怪。

你想一想，靠你的工资收入一分钱一分钱地积攒生意本钱，不仅时间漫长，而且也很容易错过机会。所以，在进行艰苦的原始资本积累的同时，还应当善于借用别人的钱来为自己赚钱，在今天，最聪明的做法是借银行的钱。因为，银行到处都有，并且它们都有十分充足的资金供你借用。

遗憾的是，我国能赚钱的人不少，但善用银行的钱赚钱的人却不多。

银行的钱，存与贷都要计息。存与贷之间的利息差额就是银行的利润和生存钱，所以不少商人就为归还银行贷款利息，整天自嘲地说："在帮银行打工。"其实这是一种极大的误解。为什么？因为靠自己的原始积累做生意，只能一步一顿地往前爬行，成不了大气候；善用债务做杠杆，生意才能有大的发展。

借用银行的钱赚钱，不仅仅是用来买卖周转，最重要的是借银行的钱去投资。而能借到银行的大笔资金去投资的人绝对要有信用。没有信誉度的人是不可能借到银行一分钱的。

白手起家的美国富豪阿克森，原是一位律师，他的财商高过常人。有一天，他突发奇想，要借用银行的钱来赚大钱。于是，他走进邻近街面的一家银行大门。他很快找到银行的借贷部经理，说要借一笔钱修缮律师事务所。由于他在银行里人头熟，关系广，因此，当他走出银行大门的时候，手里已经有了1万美元的支票。

阿克森一走出这家银行，紧接着进了另一家银行。在那里，他存进了刚才借到手的1万美元。这一切总共才花了1个小时。看看天色还早，阿克森又走进了第三家银行，重复了刚才发生的那一幕。这两笔共2万美元的借款利息，用他的存款利息充顶，大体上也差不了多少。过了几个月之后，阿克森就把存款取出来还债。此后，阿克森在更多的银行玩弄这种短期借贷和提前还债的把戏，而且数额越来越大。不到一年光景，阿克森的银行信用已经"十足可靠"，凭他的一纸签条，就能借出10万美元以上。他用贷来的钱买下了费城一家濒临倒闭的公司，几年之后，阿克森成了费城一家出版公司的大老板，拥有1.5亿美元的资产。

可见，用智慧可以增加信誉，信誉高了就可以借钱，可以做银行的"雇主"，可以让银行为自己打工。

既然借钱可以为我们赚取更多钱，那么借钱就很有讲究。借钱首先是讲时间的。在利率高时，借钱所要付的利息就会十分多。正确的借钱时间，也决定了你借来的钱是否能够替你赚取更多钱。

借贷运用是个人理财之中的重要一环。借贷在今天已经足件很普通的事。现代人不免要涉及一些赊账和借贷，只要不是盲目举借，越陷越深，借钱确实可以增加自己挣钱的致富机会。

如果你借钱的目的是用来生活的话，相信任何银行和信托投资公司都会拒绝，但是如果你借钱的用途是用来投资，且有一定额度的抵押，银行就可以贷款给你。你可以用他人的钱买入物业楼宇，也可以用它炒外汇、炒股票。你也可以借钱用来支付赔单和开销，例如交税、购物等。

借钱终究要还钱，借贷确实有风险。但若在上述情况下，我们就没有理由不去借贷消费、借贷投资、借贷经营。不会借钱，甚至羞于借钱的理念，将肯定不利于在今天这个时代发展。

用别人的"脑袋"赚自己的钱

智者千虑，必有一失。但现代社会是个十分复杂的社会，政治、经济、文化各个巨大系统，纵横交织在一起，加之现代科学技术和生产力的飞跃发展，又使社会中的各个系统处在不断的变化之中。面对这样复杂的不断变化的社会，任何高明的领导者，单靠个人的能力都是不够的，还必须借用他人的力量，即发挥智囊人物或团体的决策参谋作用。因为凭借许多智者的"一虑"，有时可避免很多不必要的失误。

现代决策的特点正是"断""谋"分家。"断"是领导者的决策，"谋"则是指专门智囊人物或团体为领导者决断而出谋划策，在你最终决策之前，智囊团积极地发挥作用，为决策者提供各种信息资料，拟定各种可供选择的方案。现代一个成功的决策离不开智囊团的参谋作用，在一定意义上甚至可以说，领导者的决策正是智囊团的"谋"的结晶。因此，任何一位高明的领导者都必须充分认识智囊团的功能，并积极发挥其作用。

　　智囊人物古已有之。我国古代就有所谓食客、谋士、军师、谏臣之称，这些人为当时的统治者出谋划策，安天下、镇国家、御外侵。历代统治者也都懂得，要巩固自己的基业和扩大自己的统治，单凭自己的能力是不够的，因而不少统治者广纳贤士、贤臣、谏臣，如秦始皇招纳李斯、韩非等人才。刘邦重用张良、萧何、韩信等贤士，刘备更是"三顾茅庐"，请求诸葛亮出山。这些历史上著名的谋士都为当时的统治者贡献了巨大的智慧。现代智囊团就是从这些古代的智囊人物发展而来的。

　　智囊制度在国外也有着悠久的历史。17世纪30年代瑞典国王古斯塔夫二世在他的军队中，以不正规的形式设置了咨询助手，在国王需要时，助手便发挥作用。17世纪中叶，法国路易十四的军队中，就有了参谋长的职位，他为军事首长出主意、想办法。19世纪初，普鲁士军事改革家香霍斯特，在军队中建立了参谋本部制，用参谋的集体智慧协助军事统帅进行决策。1829年上任的美国总统杰克逊，把一些杰出人士安插在他的周围，这些人虽没有官职，但对总统却有很大的影响。杰克逊常和他们在白宫的厨房内讨论国事，决定大政方针，被人们称为"厨房内阁"。

　　智囊人物虽然古而有之，但智囊团却是现代社会的产物。英国在1913年创立的咨询工程师协会，是现代智囊组织的雏形。第二次世界大战期间由于科学技术的进步，交战的双方在先进军事技术的发展部署和运用方面，展开了竞争。美国把一些科学家和工程师集中起来参与军事机构，适应了军事的需要，取得了巨大成功。第二次世界大战以后，美国陆军航空队与道格拉斯飞机公司签署了一项合同，在道格拉斯飞机公司建立一个从事"洲际战争的广泛题目"的研究部门，为陆军航空队推荐运用于战争的仪器。这就是所谓的"兰德计划"，进而又成立了一个综合性的战略研究机构——兰德公司，兰德公司被称为西方世界"智囊团"的开创者，现已誉满全球。随后，世界各国都建立了相应的智囊机构。

　　现代智囊团是决策者决策过程中必不可少的机构。现代科学技术飞速发展，各种知识不断更新，领导者个人根本无法迅速接受所有的新知识，因此，需要智囊团予以帮助。有人统计，20世纪70年代以来的发明和发现，超过以往2000年的总和。

18世纪知识的更新周期大约为80~90年，19世纪减少到30年，近50年又减少到15年，而当代某些领域内的知识更新周期只有5 ～ 10年。自20世纪70年代以来，世界每年出版图书50万种，平均每分钟出版1种图书，而且各学科之间相互渗透和融合，各种新学科、边缘学科和新的理论层出不穷。在这样的情况下，决策者进行决策，没有智囊团的帮助是不可能的，任何一位有能力的领导者也难以做出合理的科学决策。正如前面所说的"智者千虑，必有一失"，作为决策者日理万机，难免有考虑不周的地方，在处理重大问题时，也不可能对事物的前因后果都了解得非常清楚。因此，任何高明的决策者都需要借助智囊人物的智慧。

"得士者昌，失士者亡。"人才是世界上最宝贵的财富，只有不拘一格，慧眼识英才，敢于借助外脑的智慧，你的事业才会兴旺发达。

心理学大师总结了许多成功人士的经历后，都有一个共识，那就是：世界上第一宝贵的"资源"就是人才。事业成就的取得，无处不需要人才的聪明和智慧。人才更是创富者的珍宝。善用人才，善用外脑，当是创富者的成功智慧。

在当今世界，"人才是最重要的资本"已成为国际经济活动中新的价值观念。为争夺这种"最重要的资本"，各国展开了激烈的人才竞争。例如，瑞士一名研究生研制成功一支电子笔和一套辅助设备，可用来修正遥感卫星拍摄的红外外照片。美国一个大企业和瑞士一些公司为了引进这位人才，就曾展开了一场提高薪水的人才争夺战。荷兰菲利普公司为了在美国挖走一个搞第五代电子计算机的工程师，提出年薪200万美元的条件，但没成功，最后竟花3000万美元把包括该工程师在内的整个公司全部买下。可见人才在当今社会中的价值。

重视人才，重用人才，已成为中外商界的共识。

　　"一个篱笆三个桩，一个好汉三个帮。"你如果没有人才辅佐，没有人才相帮，那你的事业就根本没有希望。

用名人效应为自己赚钱

　　前美国总统布什访华前夕，一位驻华外交官的华裔夫人，想借机将祖籍生产的一种葡萄酒推上国宴，使之名扬四海。当这位夫人专程赶到祖籍向厂长说明来意时，这位"精明"的厂长一面满口答应，一面却提出让夫人先付2000美金酒钱，夫人表示回去请示，当夫人刚返回，发现另一家酒厂已将该厂生产的"长城干白葡萄酒"无偿送进使馆。在布什总统招待会上一露面，"长城"一下身价倍增，销路大开，当年产值连翻两番。等夫人祖籍的那位厂长知晓"名人效应"的魔力时，显然已悔之晚矣！

　　无独有偶，国家旅游局曾邀国外一家电视台来华拍摄旅游专题片，这对国内一流名胜景点来说，确是千载难逢的大好时机，因为这家电视台在国际影响较大，若找上门让人家宣传自己，天文数字般的广告费足令你望而生畏。今天人家自愿上门拍片，免费为你做广告，岂有不欢迎之理。遗憾的是，我们为数不少的景点负责人，却向拍摄组要钱，并强调"无钱走人"。国外记者对此大惑不解，只好临时改变拍摄计划，放弃好些景点，但对热情合作的景点拍得格外精心。结果专题片播出后，为合作景点带来成批的国外游客及巨额的经济效益。那些"门前冷落"的景点负责人这才大梦初醒，悔不该当初采取"无钱走人"的态度。

　　外交官夫人祖籍的酒厂本有发财良机，却白白断送；长城酒厂千方百计地打通关节，取得成功。一些一流景点面对享受免费广告的机遇，态度却大相径庭。上述成败，仅仅因为一念之差。这"念"就是当今市场运作的法则，即"市场竞争，'名'者胜"。

用品牌效应为自己赚钱

　　美国黑人的化妆品市场曾被佛雷化妆品公司所独霸。刚创办不久的约翰逊公司因其羽毛未丰，无法与佛雷公司匹敌，其推出的系列化妆品无法引起黑人的兴趣，在化妆品市场上无人问津。于是，约翰逊煞费苦心地想出了一条锦囊妙计，他向人们大肆宣传："当你用过佛雷公司的产品化妆之后，再擦一次约翰逊的粉质膏，将会收到意想不到的效果。"

乍一看，这不是在免费为佛雷公司做广告吗？其实"醉翁之意不在酒"。既然约翰逊的产品可以与佛雷公司的名牌产品相媲美，那么，该产品想必也就与名牌产品相差无几了，消费者乐意接受也就在意料之中了，此妙之一。其二，此招数颇能造成佛雷公司的错觉，使佛雷公司松懈了对潜在竞争对手的戒备。此招真绝！

与约翰逊公司具同工异曲之妙的，还有日本一家专售清洁用具的公司。该公司电话号码为100100。独具匠心的经营者煞费苦心，找到一对全日本出名的百岁双胞胎，姐姐叫成田金，妹妹叫蟹江银，姐妹俩在广告中各自亮相："我叫金，今年100岁；我叫银，今年100岁。"旁白："日本某清洁用具公司的电话也是100-100。"如此一来，原来鲜为人知的清洁用具公司及电话随两姐妹之口广泛传播，广告的轰动效应由此引出生意额的不断上升。

你还可以借人人都有的"崇外"心理为你赚钱。

例如，美国东海岸某城的一船香蕉在冷冻厂受损了，香蕉仍然可口，完全没问题，只是外面的皮太熟了一点儿，黑乎乎的。货主让其职员把这批香蕉卖掉，任何价格都可以。

那时2公斤变质的香蕉可卖25美分。老板建议职员开始以每公斤9美分推销这批香蕉，如果没人买的话，再降低价钱。

公司的一名职员是个成熟的推销员，他想了一个绝招儿，他没有把这个巧妙的方法告知老板，就在门口摆满了堆成山的香蕉，然后，他开始喊叫起来："阿根廷香蕉！"

根本没有什么阿根廷香蕉，但是这个名字蛮有味道的，听起来很高贵。于是，招了一大堆人围过来瞧这黑乎乎的香蕉。

推销员说服他的"听众"：这些样子古怪的香蕉，是一种新型水果，第一次外销到美国。他说为了优待大家，他准备以惊人的低价——每公斤20美分，把香蕉卖出去。

这个价格比一般没有受损的非"阿根廷香蕉"差不多贵一倍，但3小时之内，他就把这些香蕉卖光了。

借助别人的名义赚自己的钱

美国豆芽大王鲁几诺·普洛奇在发迹之前，听说中国的豆芽很赚钱，尽管当时他只知生产的简单过程，却决定和皮沙合伙，租用一间店面改成人工豆芽场，公司就开张了。他的合伙人皮沙说，他甚至还从来没见过一粒黄豆。但普洛奇鼓励他说："孵豆芽我见过很多次，我知道整个过程，很简单。"

普洛奇请来了几个日本人当顾问，从墨西哥购进大量的黄豆，还请人在杂志上写了些并不见得有趣的"黄豆历史"的文章，并大量散发豆芽食谱。接着跟几个食品包装商人接洽，将生产的豆芽卖给食品包装公司，还直接卖给餐馆或其他的批发商。普洛奇的豆芽生产公司一开张便开始赚钱。

很快，普洛奇又冒出一个念头，如果跟人签约，让他们把豆芽装成罐头，不是可以赚更多的钱吗！他打电话给威斯康星州的一个食品包装公司，他们同意把豆芽制成罐头。

当时正值第二次世界大战期间，所有金属都优先用于军事，老百姓只有极有限的配给。普洛奇冒昧地跑到华盛顿，一直冲到军需生产部门。他虚张声势，用了一个气派非凡的名字介绍自己的公司，他和皮沙为公司取的名字是"豆芽生产工会"。这个名字听起来好像是什么农民工会，而不是一个只有两个人的公司。于是，军需生产部门便让这位推销天才带走了几百万个稍微有些毛病但仍可使用的罐头盒。当普洛奇的生意继续发展下去之后，他和皮沙买下了一家老罐头工厂，开始自行装罐。他将豆芽加上芹菜和其他蔬菜，做成一道美国人喜欢吃的中国"杂碎"菜。普洛奇继续发挥他"虚张声势"的才能，将罐头外面贴上"芙蓉"标签。普洛奇又故意将罐头"压扁"，让美国人觉得这些罐头来自遥远的中国，销路也就出奇的好，简直有供不应求之势。

以后，普洛奇一面扩大生产，一面将他们的公司改名叫"重庆"，并以"食品联会"的名义，举办大型的市场推销活动，给人造成"重庆"是一家规模宏大、资本雄厚的公司的印象。就这样，普洛奇靠"虚张声势"建立企业形象，很快赚进了1亿美元。

只要你找准"借"点，然后巧妙发挥，它就能把你推向致富之路。

让景色帮自己赚钱

在客观条件不变的前提下，充分利用现有人力、物力、财力，发挥自身优势，挖掘自身潜力，是盈利的最佳途径。美国富豪希尔顿用700万美元，买下纽约市一家豪华的大酒店。在取得大酒店的所有权之后，独具慧眼的老希尔顿立刻就注意到酒店走廊里四根漂亮的大圆柱，他敏锐地感觉到这些如水晶体的圆柱都是空心的装饰品，与支撑天花板无关。

于是，希尔顿立即命人拆开看看，果然是空心的装饰品。他请来工匠，在大圆柱里安装了若干个精致的小型玻璃橱窗，然后高价出租。出入豪华大酒店的都是有钱的阔佬，在橱窗里陈列名贵商品，自然会增加销路。这些橱窗立即被纽约市著名的珠宝商和香水商租用，用来陈列高档商品，招徕顾客。仅此一项，希尔顿每年收入的租金高达2.4万美元。由于增加了这些名贵商品，使大酒店增色不少，那些阔佬们携太太、小姐或情妇们出入大酒店也就更加频繁了。

日本最大的帐篷厂商——太阳工业公司的董事长能村龙太郎，在东京新建分行时，慧眼独具，把十层大楼的外壁口以构思设计，别出心裁建成一座断崖绝壁，收费供人充作"断崖攀登练习场"。这座遍植花木苔藤的断崖，巍然耸立在车水马龙的东京市内，仿佛自天而降的高山，妙趣横生，原野风味十足。

这座世界首创的人工断崖一竣工，喜爱登山的年轻人就结伴蜂拥而来，他们兴高采烈争先恐后地往上爬。断崖的尽头虽然没有层峦叠嶂和云海变幻，却使得年轻人奔腾的热血、无尽的精力得到尽情的发泄。在涉险攀登之后，他们大呼过瘾！

在热闹非凡的东京闹市区，忽然出现只有崇山峻岭之中才得一见的景观，一时吸引了成千上万看热闹的人群，也使得能村龙太郎的生意获利番了数番。随后，该公司又在隔壁开设一家货色齐全的登山用品商店，自然也会生意兴隆异常。

一个都市人工断崖的巧妙构思，使得能村龙太郎的公司三面获利！

用人缘为自己赚钱

如果有人问你除了你的头脑，你最大的一笔资本是什么，你可能会说是房子、汽车、土地、发明专利、公司股票，等等。这些当然都是，并且很重要，但是在我们这样一个人情味很浓的东方大国里，人际关系或许是你非常重要的一笔资本。有时候，你是否会感到你的人际关系直接决定了你在投资上的成败。相信任何人都会感觉到这一点，有时候一个电话号码对于你的价值远远超过前面几项资本价值的总和，随便翻开一张报纸，你会发现招聘广告里几乎所有的公司都在找那些有工作经验、在自己领域内上上下下比较熟悉的人。毫无疑问，这些公司与其说是在招人，不如说是在网罗自己的关系触角，他们懂得利用人际关系的好处。

能够把"有用"的人吸收进你的人际关系网络，使之成为你要好的朋友，便可大大增强你赚钱的能量，这个能量越大，你的赚钱能力也就会越高。

放长线钓大鱼，多从对方的心理上做文章，相信不会让心血白费，日后办事就会处处有援手。

1. 人缘层次在精不在多

为什么有些人无论办大事小事，经常四面碰壁呢？原因当然是多方面的。但最基本的原因则是由社会的复杂性决定的。

人都是生活在社会中的，人的本质属性就是社会关系的总和，人的一切活动都深深地打上了社会的烙印，所以，也可以说几乎人的一切活动就是社会性活动。

一般人从校园踏入社会，为了自己的独立和发展奋力拼搏，这是一个发挥自己才智和能力的过程，而一个人的能力必须稳固地落实到他与他周围的每个人的关系中。

"感谢周围的人对我的帮助",这是多数成功的生意人常挂在嘴边的话。周围的人就是潜在的人缘,是否有人缘,往往决定着事业的成功与否。所以欲求办事成功者要注意建立人缘,建立高层次的人际关系。

说到人缘,也许首先想到的是朋友吧!学生时代的同班同学、前辈、同乡朋友、朋友介绍的朋友,等等,当然,这些故交也是一种人缘。

立志要赚钱的人,不应该过分地依靠旧友,要不断地建立新的朋友圈。重要的是通过新的人缘扩大自己的世界,扩大视野。不同行业、不同职业的人,或者不同年龄段的人,层次越多越好。年轻的时候与长辈,年长以后与年轻人交往最好。

那么,怎样才能建立起新的人缘呢?为此,要有具体的行动。一言以蔽之,即积极地走出去,扩大与人交往的机会。

公司内外各种各样的聚会要积极参与。不仅是公司,自家亲戚朋友聚会也要参加,不要嫌麻烦。如果有不同行业的交流会之类,也要主动地参与筹划,加入有关兴趣的圈子也是极好的机会。

性格内向的人会经常回避这种聚会,其实这正是锻炼自己的场合。你必须以坚强的意志克服自己的厌倦情绪,积极地参加。要有坚强的意志,具备"要当大人物""要成就事业"的愿望。

参加各种聚会时,要注意以下几点:

(1)互相"舔舐伤口"的聚会不要参加

那些怀旧的、安慰的聚会,一边喝酒互诉牢骚,以求互相怨天尤人的聚会只会使人衰老得更快,意志更为消沉。曾见过一次这样的同学聚会:一帮参加工作30年的同学聚到一起,由于分别太久,见面就是一阵泪雨。谈起现在的工作,几个提前退休或下岗的女同学更是抱头痛哭,全无当年那种"战天斗地"的气概。这种聚会有百害而无一利,还是少参加为好。

(2)努力做聚会的领导者

如果只是满足于一般成员,就没有多大的意义,不能建立起人缘。当然，有发言的机会时要常常积极地发言，提出各种方案。第二次聚会自己要首先邀约。总之，要使自己的存在得到好评，让自己获得实质上的主宰地位。

（3）不求回报的付出是获取人缘的捷径

只求获取，没有付出的人会让人讨厌。付出了自然就会有获取的机会，给予别人发展信息与建议，自然会得到别人的回馈。各种类型的聚会，与其去受教育，不如抱着力争主动的心情参加，结果不是能获得更大的收益吗？

在这里给你建议一种最为重要的结交人缘的方法，即充分利用一流的场所。"一流"这一点很重要。一流的俱乐部等场所会聚集一流的人物，去几次以后在一定程度上面熟，彼此会自然地成为熟人。有时，根据情况，不用拜托，老板也会说"给你介绍个朋友"，为你斡旋一番。俱乐部的老板是高明的介绍人，会为你考虑合适的人选。

当然，一流的场所费用也是一流的，但是从长远来看，这笔钱往往会成倍地获得回报。立志赚大钱的人，应当不惜为投资而倾囊。总之，为了建立高水平的人缘，有必要把自己置身于高水平的场所。即使有点破费，也应该出入一流的社交场所。

2. 经常问候人际网里的重要人物

要建立一个好人缘，织起一张人际关系网，你必须积极主动。光有想法是不够的，必须将它化为行动。

在这个世界上，各个行业都有许多出类拔萃的人物，他们的影响非同小可，必须利用与他们接触的机会和他们建立良好的关系，这对你的事业和前途非常有利。不要等待，一味地等待只能使你错失良机，绝对不可能使你建立良好的人际关系，你应该积极地一步一步地去做，没有什么不好意思的。

在各个场合，你有许多接触他人的机会。如果你想接近他们，让他们成为你人际关系网中的一员，你必须付出努力。假如你到一个新的环境，在彼此都不认识的时候，你要主动"出击"，以真诚友好的方式把自己介绍给别人。

如果你想多结交一些朋友，你就需要主动地了解对方的兴趣爱好。你可以通过多种方式去得到他们这方面的信息，要注意与其相处时积累一些有关的情况，还可以通过他的朋友了解他的为人处世，你也可以通过他的一些个人材料了解他。

有一个年轻人，当他要结交某人做朋友时，总是想方设法地弄到对方的生日。于是，他四处请教他欲结交的某些名人，问他们生日是否会影响一个人的性格和前途？并借机叫他们把生日告诉他，然后他悄悄地把他们的生日都记下，并在日历上一一圈出，以防忘记。等他们生日的那天，他就送点儿小礼物或亲自去祝贺。很快，他们就对他印象深刻，把他作为好朋友了。

人与人交往中会出现一些交际的好机会。多一些有益的朋友，拜访一些成功的前辈，也许会改变你的一生。

"一个好汉三个帮"，朋友在关键时候帮你一把，可能会直接助你事业的成功。所以，要时刻注意能结交朋友的好机会，你对此必须有所准备，因为机遇只光顾有心人。

比如有朋友请你去参加一个生日聚会、舞会或者其他活动，你不要因为自己手头事忙，一时懒得动身而放弃，如果不是有十分要紧的事的话，尽自己的可能去参加，因为这些场合是你结交新朋友的好机会。又如新同事约你出去逛商店或者看场电影什么的，你最好也不要随便拒绝，这也是一个发展关系的好机会。

人与人之间接触越多，彼此间距离就可能越近。这跟我们平时看东西一样，看的次数越多，越容易产生好感。我们在广播或电视中反复听、反复看到的广告，久而久之也会在我们心目中留下印象。所以，交际中一条重要规则就是：找机会多和别人接触。

一旦和别人取得联系，建立初步关系之后，你还不能放松，最好抓住机会深入一下。交际中往往会有两种目的：直接的和间接的。直接的无非就是想达到某项交易或有利事情的解决，或想得到别人某方面的帮助。如果并不是为了解决某个问题，或者为了某种利益关系，只是为了和对方加深关系，增进了解，以使你们的关系长期保持下来，可视为间接的目的。无论你想达到什么目的，你最好有意识地让对方明白你的交际目的，如果对方不明白你的交际意图，会让他产生戒备心理，那样就很难跟对方深入下去。

3. 与名流相交

与名流结交并不容易，特别是那些走红的影、视、歌、体育明星，更是难上加难。这里介绍一些可能与名流相交的方法。

（1）事前了解名流的背景

这方面的材料要尽力收集，多多益善，力求全面详细。比如他的出生地、过去的生活经历、现在的地位状况、家庭成员、个人兴趣爱好、性格特点、处世风格、最主要的成就、最有影响力的作品（歌曲、著作……）、将来的发展潜力、他的影响力所及的范围，总之，凡是与他有关的材料，只要能收集到的就尽力收集。当然，也许你收集到的有些材料是关于他的隐私的，那么就要特别慎重，不能轻易传播出去，更不能作为日后"要挟"他的把柄，只能作为你全面了解他的参考资料而已。

（2）请人介绍

这是比较常用的办法，一般托那些与名流交往密切的人作为中间人引荐，会起到事半功倍的效果。因为名流对与他交往密切的人引荐来的人，自会刮目相看，他会郑重地对待你。

找中间人需要注意的是：你要让中间人尽可能地了解你，并获得中间人的充分信任和欣赏，这样他才会有引荐的积极性。对一个不太了解的人或不太赏识的人，中间人是不会轻易引荐的。贸然引荐，令名流不高兴，也等于减少了自己在名流心目中的"印象分"。

（3）主动出击

这也是结交名流心切的追星族们通常采用的办法，就是"冒昧"地给名流写信、打电话，主动提出结识要求，这种方式也不乏成功的案例。

需要提醒一点的是：当你"冒昧"地给名流写信而且又希望名流能回赐佳音时，千万别忘记随信附上写好地址、姓名并贴足邮票的信封。

（4）出入一流场所

对于政界要人、影视明星、歌星、球星、巨富等名流来说，会经常出入一些一流的场所。这些地方就是结交名人的理想场所，只要努力寻找，到处都有。比如，高尔夫球场、高级宾馆的健身娱乐场所（游泳池、保龄球馆、咖啡厅）、一流的影剧院和音乐厅、高级商场等，甚至高级理发馆、酒吧都有可能是这类人物出入的地方。

出入一流的场所，不知不觉就会培养出一流的消费习惯，这就是所谓近朱者赤。常去一流的场所，可了解一流场所的规矩，也可体会到一流人物的生活方式。即使未结识上名流，能学到一些东西也是值得的。

（5）结交名流也需要缘分

名流不是你想结识就能结识的，有时再费心机也是徒劳的。因此，不要刻意去寻访名流，本着自然的态度，随缘而定，有缘分的话，你会在意想不到的地方与之相识；没有缘分的话，就是近在咫尺也无缘相会。比如，你想当场得到作家、歌星、球星、影视明星的亲笔签名并不难，但因此而与之相识恐怕不大可能。

用关系为自己赚钱

每一个生意人都希望自己的关系好，希望自己被更多的人喜欢，被更多的人支持。

然而，关系的好坏不是自封的。从一定意义上说，它是一个人的品格、形象和处世手段的总和。关系好是社会对个人的处世品格、交际形象和办事手段的一种肯定评价。

社会是十分复杂的，每一个人都套在盘根错节的社会关系网中，每一件事都在明里暗里交织在错综复杂的社会关系网中。善于建立和利用关系的人，在赚钱过程中游刃有余，心想事成。

在这里，我们所讲的建立和利用关系网，不是那种狭义的"关系户"、"人情网"，而是现代社会中因某种机遇（暂且理解为缘分）与他人相处并相遇后，相互利用自己的"长处"帮助对方克服他的"短处"。讲穿了，这是一种社会中的"团队精神"；是没有形式的一种无形"组织"；是一种在社会竞争中，避开那些不"遵守规则"、不"讲诚信"的人的一种自我保护手段，是被逼出来的无可奈何的办法。

我们要用心学习建立以下各方面的人际关系：

1. 出谋划策的良师

一个人要成大业比登天还难，但是一个人如果能得到良师益友的鼎力相助而形成一个团结的集体，那么要成大业就易如反掌。

2. 两肋插刀的朋友

一个人在外赚钱实在不易，如果能得到朋友的帮助就如雪中送炭，如虎添翼，所以说"多个朋友多条路"实是人生的大幸。

一些彼此天南海北的人常在初次交往后会发出这样的惊叹："嗨！这世界简直太小了，绕几个弯子，大家都成熟人了。"其中奥妙就在于此。

3. 血浓于水的亲人

俗话说，"是亲三分近"。亲戚之间大都是血缘或亲缘关系，这种血浓于水的特定关系决定了彼此之间关系的亲密性。这种亲属关系是提供精神、物质帮助的源头，是一种应该能长期持续、永久性的关系。因此，人们都具有与亲属保持联系的义务。在平常与亲戚保持密切联系，在困难时期，求助亲戚才最有利。

4. 常聚常新同窗

俗话说，十年寒窗半生缘。可见，同窗之情如果处得好，在某种程度上要胜过手足之情、朋友之情。能为同窗，在这个世界中，也算是一种缘分。这种缘分因为它纯洁、朴实，有可能会发展为长久、牢固的友谊。

现代社会里，人际交往更注重同学关系，同学之间互相帮忙，经常可以见到。众所周知的"黄埔同学会"的学友们，就常能摒弃偏见，为国共两党合作，为发展两岸关系出力不少。可以说，"黄埔同学会"是一个同学关系的典范。

同学关系有时的确能在关键时刻帮上自己一个大忙。但是要值得注意的是，平时一定要注意和同学培养、联络感情，只有平时经常联络，同学之情才不至于疏远，同学才会心甘情愿地帮助你。如果你与同学分开之后，从来没有联络过，你去托他办事时，特别是办那些比较重要、不关乎他的利益的事情，他就不会帮你。

5. 爱屋及乌的同乡

中国人对故乡有一种特殊的感情，爱屋及乌，爱故乡，自然也爱那里的人。于是，同乡之间，也就有着一种特殊的情感关系。如果都是背井离乡、外出谋生者，则同乡之间更是必然会互相照应的。

在某种程度上来说，乡情本身便带有"亲情"性质或"亲情"意味，故谓之"乡亲"。

中国的老乡关系是很特殊的，也是一种很重要的人际关系。既然是同乡，那涉及某种实际利益的时候，则是"肥水不流外人田"，只能让"圈子"内的人"近水楼台先得月"。也就是说，必须按照"资源共享"的原则，给予适当的"照顾"。

如此看来，如何搞好老乡关系是非常重要的，不仅可以多几个朋友，最重要的是可以获得许多有用的东西，也许赚钱的道路又会平坦几分。

旧行业，新潮流

做生意真的很难吗？以下介绍目前一些旧行业所采用的新花招，也就是如何创意地开辟多元化的营业形态，让你在经营时有参考的对象，或许可以启发你更棒的灵感。

1. 多元化的旅游主题

提起旅游，浮现在你脑海中的不外是随着观光团，让导游牵着鼻子走；到某一定点，一群人纷纷下车，拍照购物上厕所，走马观花；回程时带了大包小包的物品，至于风景呢？暂时映入眼帘，但不久就忘了。

这种走马看花式的观光到底能达到多少休闲的目的，令人质疑。生活水准提高了，人们不再满足这类观光方式，因此有一段时间观光业曾略有萎缩。为此，旅游业者莫不纷纷改变形态，推出新的旅游方式以求拉回逐渐流失的顾客。有的旅行社以名人伴游为号召，有的以精致的文化之旅为主，也有以参观名人故乡、定点旅游、森林旅游、半自助旅行、红娘团……花招百出，名目林立，将旅行的意义——休闲，延伸为知性（文化之旅）、感性（红娘团）及其他各种目的。

（1）名人伴游

日本近来兴起一股"名人伴游"的旅游风，改变了以往用景点为号召的方式，吸引顾客的踊跃报名。

凡是为日本大众所熟知的名人如成龙、石源裕次郎，都是日本旅游业者所推出的代表。你希望能拜访石源裕次郎的故乡吗？你想参观成龙拍《警察故事》时舍命演出的外景吗？即使石源次郎早已过世多年，即使《警察故事》的外景不如塞纳河的秀丽，但是，这些都不重要，"看风景"在"名人之旅"来说只是次要的目的，最重要的是，普通百姓平日难以亲近的名人，如今正和你进餐谈天，而你也可以亲临这些名人所生长及工作的环境，感受孺慕的心情。以往高高在上的人物现在和你平起平坐，有机会亲睹他们的风采，这正是参加名人之旅的游客们的真正目的。

当大家出国的频率增加，平常无奇的旅游行程已无法满足一般人后，旅游业者改变以往的经营模式，迎合一些强调个性化顾客的需求，推陈出新，舍弃以风景为主题，改以类似"歌迷俱乐部""影迷俱乐部"为号召，吸引一些游离客户的方式，使得许多平常舍不得花钱旅行的人，为了和心仪已久的偶像见面，纷纷掏出钱包报名参加，而这类主题诉求的旅行使崇拜者趋之若鹜。这类旅游噱头所引起的连锁反应是——名人供不应求，许多有点知名度的人表示，这种赚钱方式对名人来说既轻松又容易，且不失其面子，为了钱包能更饱满，大都会答应旅行社的邀请。

有的旅行社因为影视名人伴游团大赚之后，再趁势推出"世界名厨伴游""运动明星伴游""艺术家伴游"，以此来吸引对这方面主题有兴趣的顾客。由此看来，旅游的市场正随着顾客的喜好在转变之中，有心经营旅游业者，必须视顾客的口味来炒出别具心裁的菜色才行。

（2）定点旅游

传统旅游业者都以在一定时间内让人游遍数个甚至十几个景点为号召，使人有"划得来"的感觉，这种贪小便宜的后果是走遍了许多景点，但对那些景点的风土人情都毫无认识，只是走马观花似的"逛"一次而已。有些人往往下了车还没来得及亲睹马王堆金缕玉衣的风采，就被导游催着上车，赶往橘子洲头。其中，热门观光区的参观更是只能以"人看人"及"雾里看花"来形容，排队上厕所的时间都不够了，哪还有时间细细体会城市的风光或自然美景。

有鉴于大家对休闲文化的品质要求日益提高，旅游业者推出了"定点旅游"，亦即"深度旅游"。旅游天数和一般旅游无异，然而所参观的景点大幅缩减，让人在某一个特定地区玩上数天，有充分的时间享受休闲的乐趣，更可以亲身体会当地人的生活，认识当地的历史、古迹。这类旅游方式广受白领阶层及学生族喜爱，所到的地方少，花费就不会过于庞大，并且有充裕的时间可以细细地品味旅游的乐趣，对平日忙碌异常的上班族来说，可以达到充分休息的目的；对学生而言，更可吸取课本中找不到的知识及生活体验。

向往在奥地利湖光山色的小屋中住上一星期、聆听"动物狂想曲""圆舞曲"的美妙音乐、享受湖面汽船的乐趣、听风吹动竹林惊起鸟儿振翅声的宁静、让身体徜徉在小船中随波荡漾、心灵得到完全的释放与自由。你也可以在多瑙河畔品尝香槟，目送来来往往的小船，乘着歌声的翅膀，徜徉在"蓝色多瑙河"的乐章中；甚至坐在河畔两旁的咖啡屋里，欣赏街头艺术家的表演，体会另一种异国风情。

你可以悠闲地漫步在槭叶铺成的大道上，恣意地让阳光洒满一身的金黄。"时间"在定点旅游中不再是"赶！赶！赶！"的代名词，这就是它迷人且广受游客青睐的原因。

（3）文化之旅

随着出国旅游机会的增多与人口结构的改变，越来越多的人意识到旅游品质、内容的重要性。如何在有限的时间中，充分享受休闲的乐趣，并且体验截然不同的异国情调，便有赖行程设计的用心与创意了。顺此潮流，许多更深入认识异国文化的定点旅游或单一国家的旅程设计便应运而生。

以印尼巴厘岛为例，就是非常适合发展定点旅游及文化之旅的地区。旅行社推出"巴厘文化之旅"，舍弃一般的印尼七天行程，入住真正的巴厘文化心脏，使人在看风景、看热闹之外，还要看内涵、看门道。旅客们在此待上一段时间，在日常生活中体验巴厘人的食衣住行甚至休闲娱乐，并让你亲身感受巴厘在艺术上的种种表现。其他诸如此类的文化旅游团尚有"当代艺术重镇——巴黎之旅"、"服装文化之旅——米兰"、"神话之旅——希腊"……不胜枚举，让对某些特定主题文化的旅游有兴趣的人，可以视其需要而参加，是属于知性的旅游。

（4）红娘团——未婚男女的最爱

这种形态的旅游较为特殊，倒是与"玫瑰之约"有异曲同工之妙，其中休闲、观光、求知都不是旅游的主要目的，反倒是交谊的成分较浓，未婚男女希望通过旅游能达到"相互扶持""觅得良伴""结识有缘者"的目的。毕竟湖光山色最能使人敞开心扉尽情玩赏是感情的催化剂。这类旅行团在旅客的挑选上需要费较大的心思，最好能促成对对佳偶。因此，男、女人数比例、职业、背景、教育程度和年龄都是考虑的范围，和一般旅行团"缴了钱就可以参加"不同。

（5）半自助旅行

现代人追求独立、冒险的精神，表现在旅游文化上就是自助旅行风气大盛。因为自助旅行的关系，使得各旅行社的生意锐减，旅游业者于是想了一套方法——半自助旅游。

半自助旅游的特色在于具有团体旅行的优点，如方便省事，也有自助旅行的自主性、独立性、机动性的特色，最适合喜爱无拘无束逍遥游人士选择。

由旅行社为你安排所有的行程规划、出发日期、住宿酒店等相关的繁杂事宜，酌情收取一定的手续费用，再由你自己去闯荡天下。"半自助"对旅行社来说，可赚取手续费，对游客而言，也可省去繁缛的相关手续，专心享受自助旅游的乐趣。

（6）先享受，后付款

日前某家旅行社提出了"先享受，后付款"的口号，打破了传统的先缴费后享受的惯例，让一些想出国旅行却又无法一次付清款项的工薪人士有机会体验旅游的乐趣，同时也可抓住潜在的客户。

2. 24小时营业的娱乐业潮流

继全天候为你服务的便利商店之后，娱乐业也纷纷跟进，推出24小时营业的方针。全天候的休闲活动越来越多，对于都市地区喜好夜生活的人来说，不啻是一项福音。无论静态或动态的娱乐，延长营业时间让这些夜猫族在午夜梦回时有了流连之所。喜好静态的人，可以选择茶艺馆、西餐厅等和同事好友彻夜谈心；而偏好动态活动者，更可以将白天所受到的委屈与疲累，在夜晚尽情发泄，随着汗水一次流完。

全天候营业的店有KTV、卡拉OK、中西餐厅、保龄球馆、棒球练习场、茶艺馆，等等。现在的保龄球馆几乎全为24小时营业，有些甚至结合了餐饮、舞厅、冰室，让人们在打得畅快淋漓之余能得到适当的休息。根据报道，球馆越晚生意越好。许多大老板谈生意也舍弃价格昂贵的商务饭店，改在保龄球馆进行，这样既可以运动，价格也不贵，同时还可以让客户在打球时将注意力都集中在球技上，省了二人对峙斗智，往往能轻松地签下一张合同。

3. 知性、感性和促销齐发的珠宝界潮流

近年来，由香港特区的谢瑞麟珠宝引进新的珠宝业经营模式，刮起一阵珠宝业革新风，使得大小珠宝店纷纷跟进。

对珠宝有专业素养的店员、开朗明亮的铺面，在玻璃专柜上所有的珠宝首饰皆清楚可见，并且标明了价格，店内拥有专门的鉴定专家……这些都是现代珠宝企业化经营的基本条件。

除此之外，不定期地举办展示会，配合节日推出相关促销活动，结合服装界、香水界、美容界的联展，都是珠宝促销的手段。由于珠宝设计观念渐受重视，大家不只是重视珠宝的保值性，拥有别致、独具意义的个人首饰也是购买的动机。消费能力增加，大家对珠宝知识的渴求也越来越强烈，人们不希望自己花了大把钱却买到了一只富含杂质的钻石戒指，徒当冤大头。以往珠宝价格全由商家决定的习惯，聪明的消费者已经不吃这一套了，他们要知道当日黄金交易价格，以及具有法律效力的鉴定资料，来防止自己被商家欺骗。

4. "吃"不惊人死不休的餐饮潮流

一位餐厅老板大叹，现代消费者的胃口真是越来越难伺候了。大家到餐厅已不只是为了"填满肚子"这项单纯的目的，还希望能吃到一些特别的食物，享受到一些附加的服务，满足口感以外的视觉、听觉。但抱着纯欣赏餐厅的装潢或因为喜欢店内所播放的音乐，只想感受餐厅独特的气氛的大有人在，种种目的千奇百怪。为了满足消费者多变的心，业者莫不在硬件（装潢、设计）及软件（节目设计、菜色、服务）等推陈出新。现代人不但要吃得饱，还要吃得好，甚至吃出不同的味道来，难怪这个老板强调：只有具创意的点子才能吸引老饕前来光顾。

目前餐饮业所设计的新营业手法归纳出以下几点：

消费方式：完全自助式。

店面装潢：前卫派、怀旧派、印象派、个性派。

服务创意：装扮成宫女的服务生；一碗只卖15元的面却使用水晶刀叉、银盘碗筷；老板特意为客人设计专属的杯盘；享用名人也爱吃的美食。

有一家中式餐馆推出一套中国古代帝王才能享受的满汉全席大餐，不但菜单上的菜名富丽堂皇，菜色完全依照古代流传下来的"食谱"而做，连所用的餐具都是银盘象牙筷。最奇特的是，餐前照古例，有十数位打扮成嫔妃宫女模样的美少女跳舞助兴，曲目当然是"霓裳羽衣曲"之类的宫廷舞而非迪斯科；用餐时一切规矩都得按古式要求，一项也不可少。根据店主人表示，为了"满汉全席"这套菜，事前做了不少考据工作。而用餐间为你服务的也是穿着古代宫廷服的"宫女"。置身在这种金碧辉煌的餐厅内，让你实现帝王的荣尊。当然，一场宴席吃下来，账单也是很"荣尊"的。

这种极尽豪奢的吃法虽然所费不赀，然因创意玩得别出心裁，一些富商巨贾仍趋之若鹜。

· 用水晶碗筷吃担仔面

刚来到这间光彩耀眼，金碧辉煌的餐厅，便为那尊贵非凡的气势所慑服，再看到一件件精工雕饰的水晶餐具，更是自惭形秽，心想这里的东西绝非我们这类上班族吃得起的，还是走吧！但是看了菜单上的价格，却让人跌破眼镜，是贵得离谱吗？不，便宜得令人无法置信——上面写着"担仔面，15元"。用如此豪华的气派来卖一碗15元的担仔面，这个创意真是够大了。

吃不起昂贵的满汉全席？没关系，担仔面依然让我有虚荣的享受。

· 用自己的咖啡杯喝咖啡

到美容院洗头可以携带自己的洗发精，如果是常客，把洗发精放在美容院里——用自己的洗发精洗头，更是习以为常的事。然而你听说过到咖啡厅喝咖啡要用自己专属的咖啡杯吗？这些顾客没有洁癖，也不是疾病携带者。

有些咖啡厅为老主顾设计专属于他们的咖啡杯，造型各异，这些老客人用自己的咖啡杯喝咖啡，颇有"家"的感觉，备感温馨。而为了吸引客人上门，有的咖啡店推出了消费满一定次数就免费为你设计个人餐具，让你上门来就享有特别待遇，这也是留住客人，使其长期消费的方法。

· 打明星牌

"这是成龙下榻本饭店必吃的玉米汤""阿拉伯石油大王最偏爱这道生蚝""柴契尔夫人吃了这道龙虾拼盘，赞不绝口"。

近来，各家饭店及餐厅纷纷打出名人、明星牌作为促销，希望通过人们崇拜名人的心理，能点一道"名人也爱吃"的菜。据某饭店经理表示，这一招非常有效，许多人听说名人爱吃这道菜，往往会试着自己也点一道尝尝，看看这道菜味道是否真的如此绝妙，让平日挑剔，吃惯美食的名人也喜爱。

5. 唱到最高点的视听潮流

以前，和一群人挤在一间乌烟瘴气、时而猫鼠横窜的电影院看电影的情景越来越少见。随着社会形态转变及科技的进步，越来越多的电影迷转移到了MTV、影碟中心。在MTV里，银幕虽没有电影大，然而舒适的沙发、隐秘的空间以及饮料食物的供给，足以弥补银幕这方面的不足；并且价格不贵，比起涨得令人咋舌的电影票，看MTV划算多了。

卡拉OK的引进，满足了现代人的需求。上了一天班之后，拖着还不完全疲倦的身体，到卡拉OK去发泄剩余的体力，顺便唱出积郁的不快。牢骚"唱"完了，明天依然神采奕奕地上班，这就是卡拉OK的功用。然而卡拉OK

毕竟缺少一分隐秘性，令歌艺不佳的人望而却步。因此继卡拉OK之后，KTV兴起，让同一团体的人能引吭高歌，不必顾虑他人的讪笑。之后更有结合MTV与卡拉OK的DTV、HTV……琳琅满目，令人目不暇接。

然而，市场这块大饼毕竟有限，在越来越多生意人投入这项生意后，竞争相对提高，获利亦被瓜分。如何在僧多粥少的情况下异军突起，成为视听业者最关心的事。

纵观目前视听业的消费方式，有包厢计费、按人头计费、按时间计费，而为了吸引在非巅峰时段的客人，视听中心大都采取"下午×点~×点，××元唱到底"的方式。而最近新兴的自助KTV则打出"消费者可以自带食物进场"，业者省去了一笔人事费用，而消费者也无须再吃KTV里既贵又少的食物，从而吸引了不少客人上门。

一般来说，视听业者都印制有"贵宾卡""折扣卡"，使常客上门时能享受一些优待，借此长期挽留客人。

装潢更是视听业者的一大创意点，内部陈设有岩洞造型、丛林造型、太空造型、古埃及造型。中国台湾一家著名的KTV——"法老王"即以古埃及为主题，让所有服务人员穿上埃及服饰，令人仿若置身金字塔中。

6. 包装重于内容的出版潮流

这是个凡事讲求快速、精美的时代，因应这股"速食文化"兴起，不但餐饮业"速食"风大盛，连出版业也刮起了一阵"速食"风。

你是否注意到，现代的书籍设计之精美，宛若一幅图画，而内容之贫乏像是被嚼过的甘蔗？往往一本封面设计得古色古香的书，打开来看，每页只有数行类似格言、谚语或不怎么隽永的散文小品、诗句，且大量版面的留白。这种书让一些嗜读好书的人评为"骗钱""浪费版面""没有营养的垃圾书"。是不是垃圾书或者骗不骗钱，我们很难去断定，至少"浪费版面"是不争的事实。然而这种金玉其外的书现在畅销热卖中，少男少女们以拥有一本如梦似幻的精致书籍为乐，内文可以是摄影、图片，只要符合"抒情""浪漫"的原则，最好再加点"文化"，表示在清新之外，尚能脱俗。

另一种出版噱头是打"名人"牌，名人牌不但在餐饮界奏效，在出版界成果更是辉煌。君不见歌星、影星、主持人一窝蜂地出书，以往上电视为了出片、出歌，如今多了一个目的——出书，而这些明星的文笔如何？思想够深度精辟？这都不成问题，自然有枪手派人代为润笔撰述，重要的是——他（她）是明星。明星所出的书，内容大都不外乎演艺圈的种种逸事，而这才是读者所感兴趣的事，水银灯下的生活是否如同银幕上一般多彩多姿，这才是书的卖点。

走在潮流前端的新兴行业

大量生产、大量销售的时代已经过去，取而代之的是适合自己的兴趣，能充分反映个性的新行业，以往行销的三大原则："场所、价格、消费者"已经不符合潮流；新兴行业成功的条件应是"掌握市场动态、了解消费者倾向"并密切配合，才能确保新行业的正常营运与发展。其中，值得关注的是，大幅成长的新行业多半是商场、餐厅、私立学校、情报咨询等服务业。由此可知，消费者的需求日益多样化。

1. 眼花缭乱的培训班

开办培训班是现代最热门的行业。为什么培训班这么兴盛，如何才能开设赚钱的培训班，这些有待我们进一步研究。

（1）培训界的战国时代

最早的培训班是由一些合格教师所兴办，形态有些类似古代的私塾，这些培训班素质整齐，而且对于学生的招收，不像现今培训班一样"来者不拒"，因为这类培训班经营者及教师都抱有极大的教育热忱和理念；相对的，他们也会挑选学生，除非学生通过考试，否则有钱还进不去，这类"文人办学"的保守作风，所教出来的学生，水准自然整齐平均。

这类培训班不需要靠大量的宣传来达到招生的目的，他们凭借的是口碑和成绩。

现在则不同，小孩学钢琴，大人"充电"，孕育了一块很大的培训市场。因此，一些具有商业头脑的人士纷纷看准这股趋势，大举进攻这块市场，造成了培训界的春秋战国时代。

以往只有为升学而设的培训班，现在经营项目多元化了，有为出国留学而设的托福培训班；也有小朋友的各项才艺班，如作文、外语、电脑、书法……项目繁多；也有为家庭主妇所设的才艺班，如烹饪、编织、手工艺；还有一些为在职人士所设的进修班，如宝石鉴定、调酒、贸易实务、打字、企业讲座、各国语言……甚至为老人所开的国画班。可以说由0～99岁的年龄层，都是培训班可列入的招生对象。

（2）培训界的未来

未来培训界走向如何，还有待详加观察，现代人已逐渐注重到心灵层面及知识追求，因此，早期的"私塾"型培训班有复苏的可能。有些茶艺馆或咖啡店，就经常邀请学者做学术讨论，"不做宣传"是这类迷你培训班的特色。或许我们无法将它冠上"培训班"之名，因为这些学者讲的可能是庭园建筑、艺术之类的专题；有的讨论会不收费，有些则酌收费用。这类讨论会有点类似读书会，席间人士皆可自由发问讨论，坐姿随意，气氛轻松，颇受雅痞喜爱。

（3）赚钱的条件

五花八门的培训班那么多，要如何经营才能赚钱呢？

首先，"位置"是很重要的，开设的地点必须要位于市镇中心、交通要塞或学校附近。如果你不想和众多培训班为邻，共享市场大饼，而执意要开在偏僻小镇，那么尽管可以独享成果，恐怕这成果也不会很可观。

其次，响亮而醒目的广告宣传也是不可少的。除了上面标明培训班名称、电话及性质（如专办幼儿才艺）的广告招牌外，还可以想一些宣传花招。例如：

·发传单

可分为夹报式及DM。夹报式较具有强迫读者阅读的效果，然而费用庞大，除非是大企业，否则广告费将成为沉重的负担。

DM的制作，从内容设计、编写名册，到邮递过程需大费周章，然而，精美别致的DM会令人产生爱不释手的感觉，也能在读者脑海中烙下深刻的印象。

·车厢广告

坐公交车的大都是学生，因此，有意开设或扩大培训班规模的你，不妨针对学生，做此种广告。

车厢广告标题要明显，用大而清晰的字或图片，将培训班的字或图片，将培训班的名字和电话打出来，使旅客能在时间短暂的车程中，迅速看完并印在脑海中。

有一点必须切记的是，车厢广告的宣传应尽可能使用黑底黄字或黄底蓝字、蓝底白字等对比效果明显突出的颜色，才能让乘客一目了然。如果使用黑底金色或灰底蓝色等同色系的颜色，将会使乘客极费眼力，试想，哪个人愿意花时间"用力"去看完一张不清晰的广告呢？

·海报

海报的功用在于以具体内容促使学生决定报名，因此，应尽量塑造高尚、品质保证的形象。色彩感要柔和而醒目，最好能配合上课情形的图片，效果更佳。

·电视广告

这类广告效果和成本一样大，非一般中、小型培训班所负担得起。有条件的可以运用此种方法。

良好的口碑是生意人最好的广告，口口相传相较于其他媒体所说的，可信度要强许多。所以常见培训班内兄弟姊妹共聚一堂，或同一学校小朋友，下了课一起到同一培训班再上第二"摊"的情形。然而口碑效果虽好，一旦有坏口碑传出，其杀伤力也足以使培训班瓦解；更糟的是，业者无法左右舆论，杜绝流言，甚至查不出毁谤者。

为了获得良好的口碑，除了培训业者维持良好的教学品质之外，实在别无他法。

2. 花式情侣营销

前几年生意人一窝蜂地做女人和小孩的生意，近年则改弦易辙，把对象转移到情侣身上。

广东针对情侣而开的店就有"情侣商场""情侣购物中心""情侣餐厅"等，生意鼎盛。除此之外，情侣专柜、情侣电影院、情侣走廊纷纷登场。神奇的是情侣电影院只要将两个座位之间的扶手拆掉，方便情侣坐得更近一点儿，钞票顿时就滚滚而来。情侣效应居然如此神奇。

服装业者亦不落人后，跟着推出情侣装、情侣背包、情侣鞋；餐厅业者推出情人餐、鸳鸯火锅；还有情侣表、情侣饮料、情侣别针，林林总总不下百种。上海的情侣商品更经常造成抢购一空的局面，看来只要有情侣，生意人的未来是无限美好的。

3. 百花齐放的个人工作室

个人主义兴起，现代年轻人越来越不愿意过朝九晚五的生活，"看别人的脸色工作"。

教育程度提高，社会经济发达，自由主义之风吹指年轻人的创业意念。"做自己的老板"比起看别人脸色工作来得迷人得多了。

不但年轻人如此，一些届临退休的中老年人或为公司效劳多年，拥有不少储蓄金的人，都准备拿出一笔创业金，为事业生涯开创第二春，而"个人工作室"，正是这股自由主义及个人主义融合而成的新兴行业。

"个人工作室"虽名为"个人"，然而真正由一个人从头到尾负责其事的仍是少数。许多工作室是由几位志同道合的朋友或同事，有钱出钱，有力出力，共同将一家工作室建立起来。组成工作室的成员彼此之间必须具有共同的经营理念，对业务营运、财务、盈余分配、工作分担都须事先做好沟通，并立下契约，才不致造成日后伙伴间钩心斗角及其他纠纷。

工作室不是一个时髦事物，他们是一个新生的群体。在探索和追梦的日子里，他们是孤独的赶路人，因为执着而孤独，又因为孤独而成功。在他们成功之后，他们的孤独和执着不仅需要人们去温暖，更值得人们去思考、去追随。

工作室不是一个空间概念，而是一种新工作状态。工作室是创造、独立、自由、个性等精神的完全张扬，是一个更人性、更效能、更先进的工作状态。而公司则不是，在这些方面公司是有限制的张扬。

工作室不是一个名词词组，更多的是一个动词词组。工作室是一个创业载体，一个人创办工作室，是将自己的事业、金钱、生活、未来等梦想和自己的现实结合起来；而一个上班族，是将自己的梦想寄托在别人或一个组织的现实上。

（1）工作室群体素描

工作室部落是创业潮中最时尚、最洒脱、最有魅力的一群人。

他们时尚。他们做新潮的事情，或网页设计，或音乐绘画，或出书撰稿，收入颇高。他们会在你给他联系采访时在电话那边说："没必要见面了吧，你给我E-mail一份提纲，我把要说的给你mail回去，我们是SOHO一族，很少坐班的"。

他们洒脱。他们穿着大都很随意，年轻人上身通常是Baleno、Classic、Montgaut、Playboy等国外休闲品牌的T恤，正式的衬衫很少穿，更不要说穿西服打领带了；中年、老年人的穿着大多更不讲究，有的上身穿一件白大褂、下身穿一件短裤，就像在菜市场上碰到的买菜的老大爷。他们中一些人去在东方鱼肚白时才离开工作室，也会在将近中午时才从床上爬起来。

他们有魅力。他们在业界资源众多，打一圈电话就能把业界有头有脸的腕儿叫到饭桌上，把一些外界看似难缠的事儿在很短的时间内搞掂。他们会在跟你聊天时在3分钟内说4个"玩票"、5个"搞笑"，最后说他们的最大特点是务实、诚实、敬业，让你感觉前后判若两人、"表里不一"。

目前，在我国工作室知多少？准确数字不得而知，据保守估计在10000家以上，主要分布在北京、上海、广州、深圳等国际性大都市，这4个城市的工作室数量大约占了总量的80%，各个领域发展最好的工作室也基本上分布在这几个国际性大都市中。其次分布在沈阳、成都、南京、杭州、长沙、西安、昆明等国内经济中心和比较发达的城市。据一位资深平面设计师预计，在国内仅平面设计类的工作室和设计室就不会少于1000家，在这些工作室中以图书装帧和封面设计为主营业务的仅在北京一个城市就不少于50家。

工作室已渗透到很多行业，呈现出不同形态。在行业类别上，工作室可以分为以下几种：

①咨询类：如商业行为策划、社会活动策划、个人行为策划等；

②视觉类：如平面设计、图书设计、影视制作、各类视觉、行为艺术创作等；

③文字类：如商业文案、媒介专栏等；

④中介类：如信息、资讯、情报等。

在组织形态上，工作室可以分为以下几种：

①注册型：具有法定名称和经营范围；

②挂靠型：挂靠于某对口公司，借助该公司的经营资格、场所、设备、信誉及账号等条件开展业务；

③自由型：自立名目、自我标榜、自定内容，完全借助个人能力和个人声望与社会合作；

④沙龙型：以特定的小群体为主要构成，以共同的兴趣为工作目标，等等。

据《工作室浪潮》中的介绍，创办工作室的人，性别有男有女，80%以上为男士；学历高低不等，有硕士、本科生、大专生，还有高中生；年龄有高有低，年龄比较大的有50多岁，年龄比较小的才十几岁。创办工作室的初始资金，有几十万元的，也有几万元的，还有几千元就开办起来的。工作室所涉及的行业和领域主要有图书装帧和封面设计，图书策划，平面设计，网页设计和网站建设，城市雕塑和公共环境艺术，商业思想咨询，广告创意和项目策划，形象设计，影视制作、包装和多媒体制作，服装设计，珠宝、陶艺等各类工艺品设计，文学创作，音乐制作、绘画、摄影等艺术创作，自由撰稿，保险与营销顾问，私人理财，房地产咨询与策划，甚至包括上门服务的厨艺等家政服务业，等等。

在创办工作室面前人人平等。可见，创办工作室，是一个不分男女、不论长幼、不拘行业、不限学历、不需要太多初始资金就能干的事情。

工作室浪潮，是一个地地道道的平民创业潮流。

（2）工作室是新一轮创业浪潮

工作室在国内的风起云涌，代表了一种崭新的创业潮流。

在我国，最早的一批工作室诞生在1993年涌起又一轮改革开放潮流之后。当时，这些有着专业技术和聪明头脑的人敏锐地意识到，市场是提高和检验他们自身能力、素质的更大空间，于是，他们以工作室的方式自我创业，将8小时之外甚至是8小时之内都扑在了工作室上。

工作室是专业化、兴趣化、个性化、品牌化的新概念工作方式。现代科技在中国的高速发展，尤其是互联网、无线移动通信的出现，以及笔记本电脑、彩打等高新专业技术设备的平民化发展，催生了大量丰富分散、自由和更加自主的工作方式，从而使工作室的兴起成为可能和现实。在这种全新舞台上，劳动产品将充分个性化，按岗位、工作时间付酬将变成按业绩付酬，个人的业绩将通过与市场对接充分体现，个人的智力和思想在变为现实生产力的同时将增加个人的财富、成就感和自由度。

在20世纪80年代，中国曾涌动过一阵阵下海潮，下海者主要是想通过下海挣钱来体现自身的社会价值；与下海潮不同，20世纪90年代涌起的工作室创业浪潮，其创业者的心态已经不是仅为挣钱，而更多的是觉得应该做一件事情。挣钱与做事，这是两种完全不同层次的想法。怪不得，前者叫"下海"，而后者叫"创业"。

如今，"做事情"这句话，已经成为包括工作室创业者在内的平民百姓的一句口头禅。

可以说，工作室创业潮是平民创业潮中最亮丽的一道风景线。

的确，工作室部落是一种新生事物。更重要的是，以工作室的方式自我创业，已经成为并正在成为大多数都市青年人的时尚类创业路径。

（3）工作室的特征

广东王志纲工作室的王志纲认为，一个真正的工作室必须符合以下条件：第一，它是以一个明星领衔主演的，并由一个明星延伸成一个工作班子，这很重要；第二，它必须拥有非常鲜明的个性色彩，它所从事的工种是超越同质化竞争的创新工种；第三，它所提供的服务是种稀缺服务，而不是大路货，比如，贝聿铭工作室提供的建筑设计，再比如，罗丹工作室提供的雕塑，等等；第四，它们所从事的劳动，很难做到工厂化、规模化，更多的是一种艺术品，而不是工业品；第五，它所提供的东西不仅仅是直接的产品，而是一种文化积淀，一种思想创新。

北京曼驼铃创意工作室主人老曼认为，工作室是一个独立谋生和个性化创业的概念，一间理想的工作室，必须具备以下前提：①必须是自己喜欢干的；②必须是适合自己干的；③必须是对工作室之外其他条件没有过度依赖的；④必须是能干好的；⑤必须是具备明显独家优势或难以被轻易模仿的；⑥必须是稳定的、可以长期坚持的；⑦必须是不易被干扰的；⑧必须是保持职业自尊和卖方态势的；⑨必须是赚钱并足以能够维持工作室正常运行和良性发展的；⑩最好是具备法定经营资格的。他特别提到，一个工作室，必须在"职业自尊""卖方姿态"的基础上，方能成为真正意义上的工作室。

据此，我们可以初步总结出工作室的定义：工作室是一个由一技之长的行家里手或者业内顶尖人士（明星）领衔主演，并提供一种不能轻易被模仿或替代的稀缺产品、服务或思想，同时能在业内保持职业自尊和卖方态势的新工作状态。

（4）什么样的人能办工作室

谁都希望干一份现代、自主、自由、有兴趣、回报高的工作，然而，并不是所有的人都能办好工作室。事实上，一把优胜劣汰的达摩克利斯利剑同样悬在每个工作室头上，不少工作室撑不下去甚至名存实亡。看上去很美的工作形式，并不适合所有人。

当前知名工作室的创办人除了具有开创事业的勇气和决心，还有以下一些特征。

第一，高超的专业知识和一技之长。对于上班族来说，只要在其位尽其职即可。然而工作室部落的专业能力是赚钱的手段，更是安身立命的本钱，这是创办工作室不可或缺的前提和基石。这种能力不是随便哪个人在短时间内就可以替代和超越的。

第二，丰富的资源和良好的人际关系。工作室的初期业务，需要依靠过去的资源和人际关系；工作室的代表作，更需要高度稀缺性的资源和非常的号召力。

第三，管理各项事物的能力。有一些人专业能力很强，资源和人际关系也很好，工作经历也有了可就是缺乏规划、管理、财务、营销、行政等方面事物的能力，有些人痴迷技术，不愿管杂事，天生就是搞技术的料儿。

第四，财力。"钱"虽然不是决定性的因素，但也是不可或缺的重要条件。在工作室创办初期，金钱，曾经让文艺人员、技术人员或望穿秋水，或心神交瘁。直到目前，资金问题仍然困扰着不少工作室。

（5）如何从零开始创办一个工作室

工作室是一个创业载体，一个人创办工作室，是将自己的事业、金钱、生活、未来等梦想和自己的现实结合起来；而一个上班族，是将自己的梦想寄托在别人或一个组织的现实上。

据保守估计，现在想以工作室的方式自我创业的不下10万人。那么，如果一个人现在公职在身，又想完全独立地做事情，非常渴望创办一个工作室，那么如何做才更容易成功呢？

最稳妥的办法是，在仍保持原有工作的情况下，先兼职做一些自己有优势或者是准备朝某个方向发展的工作，这样"骑着马找马"更容易成功。比如，可以先到同类在本行业领先的工作室去打一段工，去学习一段时间，这样"追随"该领域的优秀人士，可以初步掌握该领域的一些情况，以及开办类似的工作室需要什么样的专业技能、资金条件，等等。又如，可以在你准备创办工作室的领域接受一些基本的培训，参加一些必要的培训班、研习班、专家研讨会甚至是选修一些专业课程，从而使自己具备开办工作室最基本的主观条件。

主意已定，在决心动手之前，还应该去拜访一些同类的成功者、"过来人"，向他们"取经"，新开办工作室的时机、业务特色、规模，都要有所选择，前期如何打开局面，尽可能了解的细致、深入一些，在行动之前就做好创业成功的准备。

工作室开张了，自己还应当具备很强的自信心，具备与他人友好相处的能力，同时要做好延长投入期和继续投入资金的实际准备。

从零开始创办一个工作室，不仅仅是做了一件新事情，等工作室走上正轨、平稳起步后，蓦然回首，你会发现你已经不是原来的你，你已经变了许多。因为，创办工作室是一个发现自我、挑战自我、重塑自我、完善自我的过程。

（6）工作室创业和公司创业有什么不同

工作室的存在状态呈现出多样性。开创初期，更多的是一种个人行为，当业务量比较大时在谈项目、签合同、开发票等方面会遇到很多麻烦，此时工作室纷纷注册成立了公司。

当前，就工作室本身与公司的关系，工作室主要有五种类型："一套人马、两块牌子型"，对外打工作室的品牌，公司运作具体业务，比如王志纲工作室、梁晶工作室等；"公司的核心部门型"，最初工作室是公司的核心部门，尽管随后又增设了其他部门，但其他部门仍围绕核心部门做相应的配合工作，比如老鼠工作室；"公司的普通部门型"，工作室是和其他部门平行的普通部门，只不过工作室比其他部门有更多的自主权，比如上海通力互动工作室；"挂靠型"，工作室本身尚没有注册公司，挂靠在亲朋好友的公司下面并以该公司的相关手续开展具体业务；"前企业状态型"，工作室业务不多或刚刚开张，既没有注册公司也没有挂靠别的公司。此外，米丘工作室在这个群落中只一个"另类"，是非营利性的，靠米丘的其他公司"养着"。总的来看，在社会上有名气、有实力的工作室大都是前两种类型。即使在注册了公司的工作室中，一般情况是工作室的知名度要远远高于公司。

门槛低、易操作，这是工作室创业优于公司创业的最大特色。在工作室创业之初，创业者不需要注册，不需要烦琐的各种手续，甚至是不需要办公场地，在家即可，更重要的是没有动辄十几万、几十万元的注册资金的限制，完全可以先干起来，把"内容"做出来之后一边干一边再去补齐必要的"形式"。这也是工作室在短短几年内风起云涌的重要原因。

不稳定性是工作室创业的最大弱点。与公司创业相比，由于工作室创业的门槛低、易操作，进可攻、退可守。退出成本极低，退出程序基本上没有什么束缚，这些特点使工作室创业呈现出极大的不稳定性。

零点工作室就是这样一个典型的个案。1999年5月，一家主要为中小型企业提供网络整体解决方案的零点工作室诞生于福建，创业之初它有着一个个良好的初衷——建立一个工作室来做点儿什么事，有着一个优秀的7人团队——硕士4人、学士3人，有着一个野心勃勃的目标——3年内达到中国同行业的前50名并在国外有一定影响，同时它更有着一套严密、规模甚至是相当一部分正规的公司都没有的规章制度——比如，章程、组织结构、财务制度、发展规划、文化理念，等等。然而，零点工作室最终的命运却是解散。

后顾之忧比较多是工作室创业的又一大弱点。在工作室主人和成员的心底深处，生活的重压无疑是最现实的，也是最大的。除了自己，没有了上边人对你工作的指手画脚，同时也就没有了赖以依靠的社会保障这张安全网。相当一大部分工作室职员没有劳保、医疗保险、住房公积金等这些福利待遇，生活的压力到一定程度就成了重负，能压得人喘不过气来。近一点儿的担忧是这个月能否挣到和上个月一样多的钱，能否养家糊口，远一点儿的考虑是今后一段时间的收入是否稳定并逐渐上升，等等。

尽管如此，工作室创业仍然是一种有魅力的创业形态和工作状态。

首先因为工作室是自己的事情。正如深圳陈绍华工作室的首席设计师陈绍华说，工作室可以自己把握、自己决策，"我工作累了可以去后边的卧室睡一会儿了"。又如，北京曼驼铃创意工作室的主人老曼所说，我自己支配自己的工作节奏、工作时间，"过春节时我们自己决定放假时间，想什么时候回来就什么时候回来，谁也管不着我们"。

工作室的魅力又表现在它远离办公室政治。北京岳志强陶艺工作室的岳志强说，他最不善于在办公室和人斗，"我不烦别人，谁也别来烦我"。陈绍华也说，自己创办工作室，不用看上下左右关系，也不用"说一句话、想十句话"，更不用"坚持一件事、得罪一批人"，"如果精神上这么累，再好的人也发挥不出来"。

工作室主人与其成员的关系更是颇具魅力的。他们之间不再是单纯的雇佣与被雇佣关系，而是比较丰富的师徒关系、同志关系、朋友关系、兄弟姐妹关系，等等。正如广东王志纲工作室主人王志纲所言，工作主的这些博士、硕士们是我的"黄埔子弟"；北京吕敬人设计工作室，更像一个艺术沙龙、一个艺术学校，甚至是一个和睦的大家庭，吕敬人不称工作室的成员为"职员"而叫"助手"，甚至像爱孩子一样爱护他们；北京老鼠工作室，项伟说，工作室像一个"家庭作坊"一样，工作室的成员就好比是自己的兄弟姐妹，当工作室效益好的时候，工作室会自动给员工加薪；当工作室效益不好的时候，工作室一般不会采取公司惯常采用的手段——大幅裁员，一种为了维护公司利益和部分人的收入而通过弱肉强食优胜劣汰的残酷方式把一些难兄难弟抛下，而会把大伙儿叫到一起来说明实际情况，缩减开支包括员工普遍降薪，让一部分员工先回家，等危机过去以后再来上班。

宽容的作息时间甚至是在家办公，也是工作室的魅力所在。在北京、上海、广州一类大城市，相当一大部分上班族每天到公司上下班挤公交车大约要花两三个小时，每天挤公交车像打仗一样，到公司时已身心疲惫，回家后已晕晕乎乎，晚上睡不好，白天干不好，工作的效能和创造性更是无从谈起。而工作室则不然，大部分工作室不仅没有苛刻的作息时间，不少工作室都是SoHo一族，在家办公。在工作室里，"形散神不散"，大家可以几天不见面，也可能几天都在一起，以项目和工作为纽带，网络各方面的社会资源，进行智力产品的创造，并生产出个性化的产品，体现自己的价值。

工作室是一种新文化，这种柔性文化将对当前主流的公司刚性文化——垂直组织结构、严格的规章制度、朝九晚五的作息时间以及僵硬的事业部板块等方面，带来前所未有的冲击。工作室不是一个空间概念，而是一种新工作状态。工作室是创造、独立、自由、个性等精神的完全张扬，是一个更人性、更效能、更先进的工作状态。而公司则不是，在这些方面公司是有限制的张扬。

总之，虽然工作室的好处不少，但若没有专业素养及牺牲奉献的热忱，仍无法维持长久。工作室成员要有同舟共济的精神，共存共荣。相信在未来日子里，工作室将成为一股创业赚钱的主流。

第六章　贪是贫的孪生兄弟

为了追求较大利润，商人甘愿冒较大风险，而这种冒险精神，并非"贪婪"一词简单的词义所能涵盖。

贪得无厌的人是那种非理性的占有欲望十分强烈，对欲望过分的迷恋、过分的占有的人。贪心的人总是想把什么都弄得到手，结果什么都丢掉了。

贪得无厌的"学名"叫贪婪。

贪得无厌，从心理学来看，它也是人的一种欲望，一种非理性的占有欲望，一种对欲望过分的迷恋的不正常心态。

人的贪得无厌可以表现在许多方面，有贪财的，有贪权的，有贪色的，有贪名的，有贪生的，有贪玩的，还有贪图虚荣的，等等，其中最主要的还是贪财，所以早在《史记·伯夷列传》中就已经有"贪夫徇财"之说，指的就是过分爱财。

一般来说，当谈到贪得无厌这四个字时，人们总是流露出一种大家都熟知的鄙夷、不满甚至痛恨的神情来，所用的词也是相当糟糕的，如贪污、贪色、贪杯、贪吃、贪赃枉法、贪得无厌，等等。总之，一旦与贪婪这个词相连，总不是一件好事。

一个人贪得无厌，往往不仅受到社会道义上的谴责，或许还要受到法律的制裁。

不能丢掉诚信

古人讲诚信的例子很多，仅成语中就有一诺千金，君子一言、驷马难追，等等。古人讲为人，堂堂正正做人，清清白白做事。大庆油田的工人讲"三老"，说老实话，办老实事，做老实人。古人做生意，讲秤平斗满，货真价实，童叟无欺。

诚信应该从哪些方面做起，是思想观念上的还是制度上的？通常认为，诚信是一种良好的品质，它既不是单纯的观念也不是严格的制度，但也需要观念和制度的保障。

一般讲，诚信是一种最平实、最容易实现的状态。坚持诚信，说难也不难，对一贯不讲诚信的人来说，那是很难的事；但对于一直守诚奉信的人来说，诚信则不是一件难事。如果一切以利益为主，唯利是图，诚信确实很难做到。但如果对做事情有一个高尚的目标，并且时刻清楚达到这种目标所需要的原则和态度，那么，诚信就会成为自觉的选择。失信可能是为了获取利益，那么，对失信者的处罚就应该使其付出比失信将获得的利益大，并且是大得使其心惊肉跳的更大的代价，进而使所有人不敢失信。

1. "诚实"的营销策略

正如有些精明能干的商人们所说的："在和邻居做生意的时候，你的量简要'装满'，堆起来，溢出来，最后你是不会吃亏的。"一个很有名的啤酒酿造商，他把自己的成功归因于在他卖啤酒时的慷慨大方。因为他常常走到装啤酒的大缸前，对客户们说："兄弟们，目前日子还不很富裕，但每人再喝一碗啤酒，让我们共同把生意做好。"这个酿酒商豪爽的性格和他的啤酒在英国、在印度和其他英联邦国家都曾经声名远扬，这就为他发财致富奠定了基础。"诚实是最好的策略"。这句古老谚语的真理性已被为数众多的成功者日常生活经验所证实。诚实和正直对于商业和其他任何行业的成功来说都是必不可少的。

在从事各种职业的人身上，我们也时时能看到诚实正直的品格。所以，一个真正的商人应该以自己工作的完整和牢靠为荣耀，一个精神高尚的商人应该以诚实履行合同的每一条款而自豪。一个诚实正直的制造商，从他制造产品的天才能力中，从他在买卖过程的诚实中，以及在生产出来的产品的质量中，他不仅会获得荣誉和荣耀，而且会获得实实在在的成功。英国人认为诚实是他们成功的根本原因，"凭借欺诈、奇迹和暴力，我们可以获得一时的成功；但是，只有凭借诚实和正直，我们才能获得永久性的成功。英国人使得他们的产品和民族个性保持优势的，不仅仅在于贸易商和制造商的勇气、智力和能动性，而且更在于他们的智慧、节俭和最重要的诚实品质。而一旦他们失去这些美德，我们可以肯定地说，对于英国和对于其他任何国家一样，就会开始堕落，每一条海岸就会从现在还覆盖着从世界各地交换来的财宝的海面上消失。"

确切地说，商业贸易对人的个性的考验比其他任何职业更加严格。它严格地考验一个人能否诚实、自我控制、公正和坦诚。一个经受了这种考验而能不被玷污的商人和一个经受了血与火的洗礼证实了其勇敢的战士，或许是同样光荣伟大的。从事商业贸易各个部门工作的许多人都获得了这种光荣。我们必须承认，他们从整体上经受住了这些考验。如果我们花一点点时间来仔细想一下：每天都有大量的金钱被托付给属下的人，这些人可能勉勉强强能胜任这项工作，零钱不断地经过店员、代理人、经纪人和银行职员的手，在整个过程中都充满着金钱的诱惑，但是极少有人背信弃义。或许我们不得不承认：持续的日常生活中的诚实行为是人性最大的光荣，即使没有金钱的诱惑，我们同样可以为此感到自豪。商人彼此之间的信任与信托，和信用制度所隐含的信任与信托一样，都是以这种荣誉原则为基础的，如果在商业贸易中没有日常实践的这种荣誉原则，那么，这种信任和信托是会令人吃惊、难以接受的。商人总是习惯于信任远方的代理人，哪怕是远在天涯海角。这种信任使他们常常把巨大的资产托付给那个人。这些代理人或许是从未谋面的，仅仅以个人的人格作为担保。商人的这种信任或许是最好的征服行为，它能使另一个人为他效忠尽力。

不诚实的代价是惨重的：我国的小商品在俄罗斯从"质优"的代名词变成了"伪劣"的别名之后，双边贸易一落千丈。尽管后来许多商家在努力重塑自己的信誉，试图扭转颓势，但撕裂的伤口要恢复，不仅需要时间，而且需要耐心。

也许，小心谨慎、诚实正直的人发财致富的速度不如那些不择手段、弄虚作假的人来得快。但是，他们的成功却是一种真正的成功，因为他们没有运用诈骗和不正当的手段。即使一个人一时不能获得成功，但他必须诚实，失去全部财产也要挽回人格的尊严，因为人格本身就是财富的源泉。

2. 信用是生意人最大的资本

一个人如果经常失信，一方面会破坏他本人的形象；另一方面还将影响他本人的事业。重诺守信，对于个人形象的树立、个人事业的发展，都是极其重要的。这里要讲述的是埃及商人奥斯曼因讲诚信而成为亿万富翁和副总统的故事，它会告诉大家该如何讲求信誉并以信誉为自己的事业服务。

1940年，奥斯曼以优异的成绩毕业于开罗大学并获得了工学院学士学位，重新回到了伊斯梅利亚城。这位贫穷的大学毕业生想自谋出路，当一名建筑承包商："我身无分文，但我立志于从事建筑业。为了这种目的，我可以委曲求全，从零开始。"

奥斯曼的舅父是一名建筑承包商，他曾经开导奥斯曼：要有自己的思想，不要人云亦云。奥斯曼为了筹集资金，学习承包业务，巩固大学所学的知识，便到了舅父的承包行当帮手。在工作中奥斯曼注意积累工作经验，了解施工所需要的一切程序，了解提高工效、节省材料的方法。一年多的实践后，奥斯曼收获不小，但也有不少感慨："舅父是一个缺乏资金的建筑承包商。设备陈旧，技术落后，无力与欧洲承包公司竞争。我必须拥有自己的公司，成为一名有知识、有技术、能同欧洲人竞争的承包商。"

1942年，奥斯曼离开舅父，开始实现自己的成为建筑承包商的梦，当时手里仅有180埃镑，却筹办了自己的建筑承包行。

奥斯曼相信事在人为，人能改变环境，不能成为环境的奴隶。根据在舅父承包行所获得的工作经验，他确立了自己的经营原则："谋事以诚，平等相待，信誉为重。"创业初期，奥斯曼不管业务大小、盈利多少，都积极争取。他第一次承包的是一个极小的项目，他为一个杂货店老板设计一个铺面，合同金只有3埃镑。但他没有拒绝这笔微不足道的买卖，仍是颇费苦心，毫不马虎。他设计的铺面满足了杂货店老板的心意，杂货店老板逢人便称赞奥斯曼，于是奥斯曼的信誉日益上升。奥斯曼的经营原则获得了顾客的信任，他的承包业务日渐发展。

1952年，英国殖民者为了镇压埃及人民的抗英斗争，出动飞机轰炸苏伊士运河沿岸村庄，村民流离失所。奥斯曼承包公司开始了为村民重建家园的工作，用两个月时间，为160多户村民重建了房屋，他的公司获利5.4万美元。

20世纪50年代以后，海湾地区大量发现和开发石油，各国统治者相继加快本国建设步伐。他们需要扩建皇宫，建造兵营，修筑公路。这给了奥斯曼一个发展的机会，他以创业者的远见，率领自己的公司开进了海湾地区。他面见沙特阿拉伯国王，陈述自己的意图，并向国王保证：他将以低投标、高质量、讲信誉来承包工程。沙特阿拉伯国王答应了奥斯曼的请求。后来工程完工时，奥斯曼请来沙特国王主持仪式，沙特国王对此极为满意。

"人先信而后求能"。奥斯曼讲究信誉，保证质量的为人处世方法和经营原则，使他的影响不断扩大。随后几年，奥斯曼在科威特、约旦、苏丹、利比亚等国建立了自己的分公司，成为享誉中东地区的大建筑承包商。

奥斯曼讲究信誉的做法，在一定情况下会使自己吃亏。但在这种情况下，吃亏毕竟是暂时的，所谓有亏必有盈，某次吃亏或经济利益受损却会给自己长远的事业带来积极的影响甚至长远的影响。

1960年，奥斯曼承包了世界上著名的阿斯旺高坝工程。地质构造复杂、气温高、机械老化等不利因素给建筑者带来了重重困难，从所获利润来说，承包阿斯旺高坝工程还不如在国外承包一件大建筑。奥斯曼为了国家和人民的利益，克服一切困难，完成了阿斯旺高坝工程第一期的合同工程。但随后却发生了一件奥斯曼意料不到的事情，让他吃了大亏。

　　纳赛尔总统于1961年宣布国有化法令，私人大企业被收归国有。奥斯曼公司在劫难逃。国有化后，奥斯曼公司每年只能收取利润的4%，奥斯曼本人的年薪仅为3.5万美元。这对奥斯曼和他的公司都是一次沉重的打击。奥斯曼没有忘记自己的诺言，他委曲求全，丝毫不嫉恨，继续修建阿斯旺高坝。

　　纳赛尔总统看到了奥斯曼对阿斯旺高坝工程所做的卓越贡献，于1964年授予奥斯曼一级共和国勋章。奥斯曼保全了自己的形象与自己的处事原则。他并没有白吃亏，1970年萨达特执政后，返还了被国有化的私人资本。此后，奥斯曼公司的影响不断扩大，参加了埃及许多大工程的单独承包。奥斯曼本人到1981年拥有40亿美元的资产，成为驰名中东的亿万富翁。

切不可唯利是图

　　应该说，追逐利润是一个生意人的天性，就像一个将军带领军队打仗，其目的就是要打垮对方的军队。

　　生意人把我们所需要的一切东西提供给我们，他通过提供物品这种行为再得到自己所需的东西，这是一种利益交换的行为。金钱作为媒介，代替我们和物品制造者的劳动价值。因为我们的劳动与物品制造者之间的劳动无法直接联系，商人们通过自己的劳动把他们联系起来。一位西方资本家指出："既然我们认为一个美国人在公司操作一天电脑应该得到报酬，制造手表的瑞士工人应该得到相应的报酬，商人把手表从瑞士的工厂里带到那个美国电脑工程师面前，他为什么就不应该得到报酬呢？这报酬就是他要得到的利润，而利润的多少是衡量他所付出的劳动量多少及凝聚在他劳动中的智力与风险大小。"

　　我们看到，是那些勤勉的人在经商赚钱；是那些敢于冒各种风险的人赚大钱。因此，经商若不把赚钱放在第一位，就等于我们认同勤劳、聪明、勇敢、智慧毫无价值的观点。

　　商场如战场。在这个战场上，从来就是以成败论英雄的，而且成败的关键是把对手的钱变成自己的钱，把大众的钱变成自己的钱的能力的考验。

　　但是，在当代，经商的含义已越过单纯的交易与赚钱，它担负起了更

多更重要的职责:

（1）创造新的文化。这是因为精神产品进入商品交换领域而出现的商业含义。当代最富有影响的商业行为是娱乐业中对各种明星的推出，从好莱坞的明星制造到当今各唱片公司对大小歌星的培养、包装，这本身是一种商业行为，但其结果创造了一个时代的消费文化。

（2）在人类的幸福之间架起新的桥梁。无论是日本的电器、照相机，美国的汽车与电脑，都为人类生活提供了更多更便利更舒适的条件，而且不断地为人类的新的需求创造满足。

（3）商业的规则成为新的人际关系的基准。这是一个双面利刃。一方面这种公平交易钱物交换的行为方式可能使社会的公平度提高，但是它又可能因为金钱的作用扩张，导致社会伦理道德的一种紊乱或沦丧。一个高明的商人必须学会在刀锋上行走。

商业规则的核心是公平或契约式的平等。只有在公平的原则下才有自愿交易，只有在自我意愿的基础上才有公平交易，这一铁的规则恰恰是现代社会民主与平等的产物。

高明的生意人决不唯利是图，更不会独吞全利，而是使对方也获得满意的利益，只有这样，才能抓住顾客，赢得市场，也才能最终战胜竞争对手。然而，在现代商场中，虽然很多人都明白其中道理，却往往不愿意这么做，相反倒是弄出许多舍义取利的蠢事来。他们往往就这样经商、取财，最终落得个背信弃义、见钱眼开的骂名，逃脱不了破产清算的诅咒。

不正当竞争不可取

古人云："无奸不成商"，因此商人往往给人以"奸猾"的印象，但成功的管理者是非常重视商业道德的。被奉为"经营之神"的松下幸之助就把商业道德视作生命。松下认为，商业道德，就是"商人应有的态度"，也就是商人的责任感和使命感，概括一句话，就是创造物美价廉的物品去满足社会大众的生活需要。因为商业的种类不同，商业道德的具体表现也不同。这些表现可能是细枝末节，但商业道德的根本是相通的。

　　"商业道德的责任感和使命感"是十分崇高的，但这其中也包括一些"正人君子"们看来不那么崇高的地方，那就是赚钱。松下认为，正当获利，是经营者的天职，也是商业道德的内容之一。这是毋庸讳言的，应该是理直气壮的。相反，如果不能正当获利而是亏损赤字，那才是不道德的。

　　松下的这种观点，基于这样的认识：经营者是利用社会大众的资金来营运的，不盈利当然就不能回报大众；同时，经营者正当利润的一部分是上缴国家的税金，不盈利当然也就无法纳税，这也是不道德的。松下的这种观点相当独特，但又相当有道理。由此而来的商业道德观，可以说是相当科学的。

　　在松下一生中，信守商业道德的事例，可以说是不胜枚举。而松下一生的经营中，有两位导师，他们之所以受到松下的尊崇，实质上也在于对商业道德的信守。这两位导师，一位是美国的汽车大王亨利·福特，一位是大阪商人山本武信。山本武信和松下有过炮弹型车灯的合作。当时，山本希望拿到这种新型产品在大阪的总包销权，他怕松下怀疑他月销1万只的许诺，居然把3年的全部贷款一次性地交给了松下。这种负责任的态度和敢做敢为的气概，对松下一生经营的影响颇多。而美国汽车大王福特，在汽车还是有钱人的奢侈品的时候，便立志降低产品的价格，满足社会大众的需要。这种观点，正和松下的使命感吻合，所以当他读到福特传记的时候，如遇知音，深受启发。

　　此后，松下一直把恪守职业道德作为自己的信条。

　　"商场如战场"。对于竞争，松下一向都持积极肯定的态度。不过，松下所说的竞争，是堂堂正正、公公平平的竞争。只有这样的竞争，才能获得上述的效果，否则只能带来混乱和衰败。松下说："维护业界和社会共同的利益，以促进全体人民的共存共荣，才是竞争的真正目的。必须以公开的、公平的方法竞争，为了业界的稳定，不论制造商、批发商或零售店，都绝不可只为反对而反对，不可为了想打倒对方的对抗意识而竞争，或借权力及资本和别人竞争。"

松下认为，下列的竞争都是不正当的，其后果只能是害人害己。

（1）盲目削价。这大概是几乎所有的厂商及销售商都会使用的恶性竞争手段。如果是成本降低的低定价、季节性削价等，也尚无不可。要命的是有些人视正常利润于不顾，一味地削价，以扩大销路。松下认为，这种"竞争"害人害己：一方面的削价，可能引发大家竞相削价，害了别人；如果价削到了连正常利润、甚至连微利都不能保证，就连自己也害苦了。这就违背了经营最基本的盈利原则。松下指出："即使竞争再激烈，也不可做出那种疯狂打折、放弃合理利润的经营。它只能使企业陷入混乱，而不能促进发展。倘若经营者都这么做，产业界必然展开一场你死我活的混战，反而会阻碍生产的发展、社会的繁荣。"

（2）损害别人信誉，也是一种恶性竞争的方法。有些经营者求胜心切，便不择手段地诬蔑诋毁同行，以此来打开自己的发展之路。松下认为，这太没出息，也很是卑劣。对于对方的诽谤，也无须迎头痛击，真正坚强的话，应该是笑脸相迎。因为，诽谤者的命运与恶性削价者相比，更不堪一击，而且往往是跌倒了就无法再爬起来。

（3）资本暴力。这是一些实力雄厚的大公司常用的法子。他们依仗自己雄厚的资本，有意做出亏本的倾销或服务，以此来压倒中小企业的竞争对手，然后雄霸一方。松下以为，这是资本主义初期的产物，拿到现在来用，就有些错得离谱了。

松下认为，竞争只要是恶性的，就一定要避免。站在社会大众的立场上来看，这种竞争最终必然是有害无益的。

有一种竞争关系叫双赢

前文谈及过商人与顾客已不再是"你赢我输"或"你输我赢"的关系，而应建立一种双赢关系。这种双赢关系，其实也适合用在你与竞争对手之间。

真正成功的经营者懂得，根本不必要在意竞争对手。做生意只要赚了钱就可以，又何必打败对方。

英国的"水晶杯"公司和"细瓷"公司是竞争的老对手了。他们分别推出的水晶玻璃高脚杯和细瓷餐具都是高档的名牌餐具。在西方许多家庭的餐桌上，都习惯同时摆上这两种餐具，让它们相映成趣。"同行是冤家"，这两家公司怒目而视，水火不容。但是，后来他们却经过协商，决定联合推销。"水晶杯"公司利用细瓷餐具多年在日本市场的信誉，通过联合销售活动，将其产品打入日本等国市场；而"细瓷"公司则利用"水晶杯"50%的产品销在美国的优势，使细瓷餐具跻身于美国家庭与饭店餐桌上。结果，联合推销使双方都大幅度提高了销售额。

在商战中，竞争是自然法则。但是竞争双方不光是你消我长、我枯你荣、势不两立的对手，也有可能成为配合互助、相得益彰的合作伙伴。通过竞争，击败对手，独占市场，就能获得最大的利润。但是，竞争并不是万能的。有时双方势均力敌，争斗不已，只会鱼死网破、两败俱伤；而双方达成一定的默契，发挥各自的优点，共同开发经营，就能双方利益共沾，皆大欢喜。可见，竞争与合作，适时而用，都可以取得较好的效果。

贪婪者理性缺失

"火山依旧在那里，它并不总让人看见。但是，没有人知道什么时候会突然喷发，一旦喷发，正踏在火山口的人只能是毁灭。不管你刚才是多么荣耀，也不管你的攀登是否已经接近成功。"

一般来说，凡贪心十足的人，凡想要把什么东西都搞到自己手中的人，其中尤以贪财、贪色者为众，但结局往往是搬起石头砸了自己的脚。

贪得无厌的人总是没有好下场的。

不过，因为贪得无厌这四个字具有相当大的"功能"。譬如，它能"及时"地满足人们一时的欲望，给人们带来暂时的"忘情的欢乐""恣意地享受"和"莫大的刺激"，所以有的人会不顾一切地追求这个贪字，甚至不惜为它"殉职""殉身"。

贪得无厌的人往往都是极端的自私自利者，恣情享乐、欲望无边。英国大思想家培根曾经说过这样一段话："一个最可恶的人是一切行动都以自我为中心；就像地球以自己为中心而转动，让其他的星体在它的周围环绕运行一样。"自私、利己，是一切贪得无厌的人的共同特征。他们恪守的信条是：人不为己，天诛地灭。

第一，认钱不认人。

俄国大文学家普希金说："金钱万能同时又非万能，它遗祸于人，破坏家庭，最终毁灭了拥有者自己。"为什么？就在于他们所关心的、所追求的只是钱，而且无论对自己或对他人，衡量的标准也只有一个：那就是钱。

第二，认钱不认理。

物欲化使人过于强调享受和占有，使人失去理性变得异常地贪婪。人要不要有物质的欲望？到了当今社会，这已经成了一个无须讨论的"问题"了。物质欲望的确是人生存的前提条件和根本保障。然而，如果一个人将物欲作为个人唯一追求的对象，那就值得讨论了。因为它必然会使人变成一个完全、彻底、纯粹的利己主义者，人会因此越来越贪得无厌，越来越自私，越来越恪守"人不为己，天诛地灭"的信条，就会远离群体，无法在社会中生存下去。的确，对金钱的过分崇拜会使人失去理智，使一个"明白人"变成"糊涂人"，导致人们贪得无厌，捞钱不计后果，不择手段，什么样的钱都敢拿，什么样的钱都敢花。诚如恩格斯所说："在这种贪得无厌和利欲熏心的情况下，人的心灵的任何活动都不可能是清白的。"在这种旺盛的金钱欲望驱使下，就会什么事情都做得出来。宋学者程颐说："淤泥塞流水，人欲塞天理。"在无限膨胀的金钱欲望下，人的良心、公德、职业道德、礼义廉耻等统统都会被扔到九霄云外，在这种情况下，人是很少会有理性的。

第三，认钱不认志。

人之所以是人，就是因为人活在世界上并不只是为了自己的生存，他应该通过自己的生命活动去实现自己的目标、抱负和志向，从实现自己志向的过程体现人的社会价值。也只有这样才能获得他人的尊重，获得社会的承认，才能真正地实现自我的价值。因而凡是伟人，是从来不将金钱作为自己的最重要的志向的，总是心中装有大目标，总是将伟大的事业、宏伟的抱负和志向作为自己毕生奋斗的方向。也许正是由于信念的支持，才使他们忍受得住种种挫折和考验。

当今的社会，有不少人本是很有志向的人，只是因为有的人心志不坚，在不良思潮冲击下，因此而失去了昔日的雄心壮志，失去了远大的理想，失去了美好的奋斗目标。他们的社会责任感日益弱化，什么主义，什么理想，什么奋斗，在这些人眼中统统都被抛之一边，最终成为一名堕落的人。

第四，认钱不认法。

贪婪，实际上是一种不劳而获的占有欲望，是想通过某种手段、某种方法将他人的"所属"变为自己的"所属"。因为这种占有欲望完全是一种过分的、不切实际的、想入非非的邪念，因此，为了实现这种贪得无厌的欲望，他就必须使用一般人想不出来的"诱人的绝招"来，做出一般人想不出来的"使人上钩的绝活"来。当然，这些"绝招"和"绝活"大都是不道德的、带有阴谋性的，甚至是违法的、犯罪的。不是吗？有的人为了实现自己过分的、不切实际的、想入非非的物质欲望，什么原则，什么公德，什么职业道德，什么做人的良心，什么规章制度，什么礼义廉耻统统都不要了，有的甚至不惜以身试法，以极其野蛮的、残忍的、卑鄙的手段巧取豪夺，干出那些违法犯罪的勾当。对此，马克思早就有过深刻的阐述：对一些唯利是图的资本家而言。

"如果有50%的利润，他就会铤而走险；为100%的利润，他就敢践踏一切人间法律；有300%的利润，他就敢犯任何罪行，甚至绞首的危险。"

第五，认钱不认"格"。

良好的人格是人性中最为宝贵的东西，它往往就表现于日常的做人、为人之中，一个品德高尚的人不仅能禁得住金钱的诱惑，而且是诚实、正直和有信用的。然而有些人，在金钱的诱惑下人格就会扭曲，对有钱人是一副嘴脸，对没钱人又是一副嘴脸，为了某种需要，甚至会不惜出卖自己的人格、国格，去做那些不顾廉耻之事。古人说："凡人坏品败名者，钱财占了八分。"这句话是很有道理的。有不少人之所以变得那么自私，那么富有虚荣心，对一些人那么谄媚、一副奴相，那么忘掉了做人、为人的道理，也许就是金钱这个魔鬼在起作用。一位当代红作家的"金钱不是万能的，然而没有金钱是万万不能的"名言为什么那样"深入人心"，就是与社会上这种过于强调金钱的倾向密切相关。结果怎样呢？它会使人的行为始终围绕着金钱转圈。过去有一句"有钱能使鬼推磨"的大众俗语，意思是说只要有了金钱，甚至可以让"鬼"来为自己服务；现在呢，则变了，变成了"有钱能为鬼推磨"，表面上看只变了一个字："使"字变成了"为"字，然而其含义却发生了很大的变化：人的行为从"被动"变成了"主动"，其行为的格调怎么会高呢？

总之，就像日本学者武者小路实笃在《人生论》中所说："一味地满足自己的物质欲望是一种利己的行为，定然不能产生与他人共通之物，在否定他人的同时，洋洋自得，尾巴翘到天上，采用此种生活方式的人四处树敌，把反感的情绪带给众人，损害他人，窒息自己。"

那么，该怎样戒掉使人堕落的贪婪呢？以下几点，可作为人们自戒的参考。

·多克制一点自己不切实际的、过分的欲望，这就是说不要纵欲，要节欲；

·多想一想"若要人不知，除非己莫为"的简单道理，这就是说作为一个人要理智一点儿，不要要小聪明，不要聪明反被聪明误；

·多想一点儿法律的威力和自己的前途，这就是说，即使为了自己的将来也不能做那些违法乱纪和伤天害理的事；

·多想一想悲剧性后果对自己家庭、妻子、孩子的影响，这就是说一个人要多一点儿责任感，包括自己在家庭中的责任；

·多对自己或大或小的权力进行约束，这就是说一个人在有权时也不要得意忘形，不要肆无忌惮；

·多对自己的言行做反省，这就是说作为一个人要加强自己的人格修养，随时随地地严格要求自己；

一个人大致做到了上述几点，就不会贪婪了。

第七章　实现财富价值最大化

　　我们总是期盼致富时刻的来临，每一天，每一年。而那一刻真的出现了！

　　多少辛勤的努力都已过去，多少无法预知的挫折与阻碍，如今也都一一被战胜与克服。

　　历经了冬天的酝酿想象、设定目标和拟订计划……春天的耕田下种……夏天的施肥、培植、除草、细心的照料……如今一切就绪，目标已经实现，梦想已经成真。

　　此刻，你将如何面对金钱呢？是小心谨慎，还是怀着"有钱能使鬼推磨"的"豪迈气概"大展拳脚？

忌花钱大手大脚

　　卢梭说："奢侈的必然后果——风化的解体——反过来又引起了趣味的腐化。"

　　当金钱失去了它应有的价值时，人们对金钱就会穷奢极侈，然而它不能带给人尊贵，不能带给人充实，更不能带给人高雅和现代的文明。

　　奢侈一词中的奢，按照《辞海》的解释有两种含义：一是指奢侈、不节俭，如奢侈无度，《论语·八佾》中就有"礼，与其奢也，宁俭"之说；二是指过度、过多、过分，如奢望、奢愿等。本文指的是无度的、无节制的、不能提倡的、不合国情的消费。

当然，一个人出自于某种需要，偶尔奢侈一下，偶尔摆一下阔，偶尔过分一点儿，倒也无须受多大的指责，因为这是花你自己口袋里的钱，又不触犯国家大法，也不值得人们大惊小怪。

然而，现实的情况并不是这样，它不是个别人的一点点奢侈，也不是有的人偶尔奢侈一下，而是成为社会的一股潮，成为一股甚至可以说是"不可抗拒"的风。

从大众媒介不时传来"阔佬"一掷千金、一掷万金的"故事"。如，富得流油的歌星将钞票当蜡烛来燃点；豪兴大起的款爷们一次射击就"射掉"了好几万元的巨款；想过总统之瘾的个体户，放着自己的别墅不住，偏偏要住上千美金一夜的豪华总统套间；至于有的腰缠万贯的暴发户们为了相互间的"斗豪、斗富"（压倒对方），硬要让餐馆做出100万元一桌的酒宴，以"一决雌雄"；一只哈巴狗儿，居然能值得30万元……"款爷"如此"一掷千（万）金"，真使人到了瞠目结舌的程度了。

那么，这种奢侈又说明了什么？只是为了说明"阔佬"的富有？只是为了说明"阔佬"的豪兴？只是为了说明我们社会已经有了"充分的个人自由"了？

问题似乎并不这么简单。支配着这类人"一掷千（万）金"行为的背后，还深深潜藏着一种无法向人诉说的特殊心态。

的确，这些阔佬们都有一部不平常的发家史。他们的经历、崎岖的人生道路使他们领受了人间社会一切甜酸苦辣，形成了他们特有的扭曲的心态，他们坑人、骗人，同时也被他人坑、被他人骗。他们有奸计得逞时的喜悦，也有被更有势力的人压迫时的无奈……这一切都混杂着卑鄙、肮脏、龌龊，在人前难以启齿。就是成功了，也有难言之隐。于是，就只有用这种"一掷千金"的方式来发泄自己内心的不满、怨恨甚至愤慨。

还有一些阔佬们的挖空心思的"斗富"，就是试图以这种方式引起大众媒介的注意。他们深知：不管自己的挥霍是多么的荒唐，只要能创造中国的吉尼斯纪录，就能引起大众媒介关注，就会引起社会的轰动效应。他们深知，这本身就是"最廉价的广告"，以这种方式向社会显示他的"实力"。

这种奢侈本质上是畸形的、愚昧的、无知的和可怜的。这种挥金如土的"豪迈"只会暴露自己的浅薄与无知，为大多数人所不齿。

赚钱重要的是过程不是结果

如果我们把挣钱看作是努力的目标，那么我们就看不清金钱被发明的原因，也看不清金钱究竟为什么服务。金钱代表了外在的丰富，而灵魂则代表了内在的丰富，二者的关系经常令我们迷惑。

专家们多次发现，一个人内心的满足和快乐，似乎在人们欣赏实际工作步骤的程度中而显得起伏不定。换言之，成就杰出人士并非为工作或身居要职而工作，实际上，他们反而在享受着工作过程里每一步骤中的每一细节部分，可谓：工作中自有乐趣，自有天地。

在这方面，有位科学家颇有同感地告诉人们："我能充分享受工作所带来的乐趣，我从事业中所获得的最大满足，全部来自工作时的乐趣使然，其中包括在工作中所需好奇心的满足及阅读其他人所写的研究报告。"

在美国，社会学家针对富人们做过一个调查。被调查者之中有83%的年薪超过50万美元，并拥有物质上的各种排场，如好几幢房子、轿车、艺术品及其他豪华奢侈的设施。此外，在他们的成就上，也赢得重要的社会大众及专业上的褒奖表扬。因此，他们比一般大众获有较高的社会地位。但大部分的被调查者并不重视物质上的报酬，他们拥有金钱，但并不为金钱而奋斗，对他们来讲，理想、精神的满足才是最重要的。这些成功的富翁对待金钱的态度，对每一个渴望创富的人来说，无疑是具有重大的启示的。

驾驭金钱而不是受金钱驾驭

钱只是一个仆人，它可以帮我们达成许多目标，从而给我们带来快乐，若一个人把钱当成了主人，身心受到钱的支配，则会变成一个人格低下、尊严扫地的可怜虫——这就是所谓的"财迷心窍"。

卡耐基说："我们这个时代的问题就是正当地管理财富，这样，手足之情的纽带就会把富人和穷人和谐地联系在一起。"卡耐基相信贫富间的不平等是追求经济效益最大化的结果。在自由市场体系中，创造的财富最多，但是财富的聚敛者应该本着"共同的利益"，将金钱用于公益目的。除了建议有钱人不要留给孩子过多的财产之外，卡耐基甚至还建议政府给那些"自私自利的百万富翁一钱不值的生命判处死刑"。

没有人能够否认，这个世界上令人讨厌的、自私的、疯狂的、恶劣的富人总是存在，但是如果我们能详细地检视一下，就会发现很多的有钱人开始对财富的副作用产生警觉，他们开始思考凌驾在财富之上的意义，有相当一部分人似乎感觉到应该为一个更好的社会做出努力，尽管好社会的定义由他们自己做出。

英国经济人类学家凯斯·哈特说："与其像过去一个世纪那样对富人进行限制，民粹主义者不如去审视一下富人所享受的自由，从而让这种自由为更多的人享有。这样，他们就可以在富人中找到最有力的同盟者。"在不久的将来，社会改革既需要大规模民众的参与，也需要有富人的支持。事实上，在19世纪，无论是自由贸易还是废奴运动都证实了这一点。"想要成功地改造社会，最好和资本家结为朋友，"哈特说。他认为这对那些具有精英意识的富人是会产生吸引力的，从而对全球性的机会不平等问题造成冲击。

成为豪富独一无二的好处是，能够独立地带来原本需要广泛的社会运动的某种变革，比尔·盖茨让穷人获得接种疫苗的机会的战斗就是一个例证。这可以让富人成为任何想要重塑社会的人的盟友。事实上，很多富人正在从事这项事业，尽管多采取隐秘的形式。而"干掉有钱人"这种观念可能带来的后果是打消了他们想把财富用于公益的念头。更富于建设性的做法是欢迎富人加入到公众生活中来，帮助他们把钱花在有用之处，而且要保证操作过程的透明性。

　　1930年，凯恩斯预言，某一天。任何一个人在实现了物质要求后，都会第一次面对这样一个真正的、永久的问题，"如何运用摆脱了经济压力后的自由，如何填补科学和复利为他带来的闲适，从而生活得更智慧、更愉快、更好？"对数量正在增加的富人来说，这一天已经到来。如果运气好的话，他们中会有很多人接受在总体上有益于社会的解决方案。

　　安宁止于放弃——对金钱的崇拜可能带来灾难性的后果，而导致这些后果的能量若被恰当利用，人类将受益无穷——恰如驾驭一个魔鬼，让他来干天使的事情。

　　高盛公司总裁乔恩·科赞为竞选新泽西州的议员花了6200万美元，他有一个令人吃惊的发现："富人在慈善事业和政治中越来越活跃。相比于慈善事业，参政更难也更不重要。"科赞不但要面对花钱买官的指责，而且还要回答人们对他的钱是否来自正道的质疑。在世界政治舞台上活跃的巨富们代表了一种广泛的舆论趋势，这个名单上还包括意大利新任总理西尔维奥·伯鲁斯卡尼，他在《福布斯》列出的世界级富翁中位居第14位。似乎没有明显的理由表明，为什么富人应该被排斥在政治生活以外。

　　但是，绝大多数的公众更愿意对富人从事慈善事业投赞成票，那么慈善事业到底是不是富人使用他们的金钱和时间的最好方式？

　　一个世纪以前，安德鲁·卡耐基和约翰·洛克菲勒就把财富用在建立图书馆、博物馆、大学和音乐厅上。在美国，各种渠道的善款总额在2000年达到了2030亿美元，占国民生产总值的2%，比1995年猛增了1个百分点。但在其他国家里，现金形式的善款数额相对要少得多。美国人的财富一旦达到20万美元，就会出现捐出大笔善款的现象，而在其他国家里，人们往往在挣得百万以上家财时才从事善举。

　　以往富人们捐钱常常是迫于压力，现在，更多的是出于自己的意愿，做他们想做的事情，满足其他人的需求，证明他们可以比政府或者别的慈善家做得更好，表达对财富的感激之情，让自己有别于他人，并且让自己幸福。

这种改变是人们变得更富裕的结果，而且会引燃世界各地的慈善之举，在印度、爱尔兰和拉美已经出现了这种迹象。

当然富人的捐款也有其他的动机，很多新兴的慈善家捐钱是为了提升自我形象、获取信用、为自己做广告，他们的动机不是出于义务，而是想让自己成为明星。

怀疑论者中最出名的要算甲骨文公司的拉里·埃里森，迄今为止，他仍然拒绝在慷慨上与比尔·盖茨一搏。他说，公众对慈善的态度"非常奇怪，我们计算慈善的尺度是看你浪费了多少钱。我们计算的是捐款的数量，而不是效果"。也许他是在为自己的吝啬找借口，但拉里·埃里森有一点是对的，效果最重要。

慈善事业最有趣的变化发生在拉美，"人们原来以为贫穷是文明永恒的一面，这种观念正在经历全面的改变。"费尔南多·伊斯普拉斯说。他是拉美一家名为星媒你的互联网公司年轻的老板。"下一代的人会更成熟，他们更能理解在拉美摆脱了军事独裁者之后，社会稳定的关键在于更平等地分配财富。"

因为税收体制的限制，拉美人更愿意通过公司来进行慈善捐助。成立于两年前的星媒体基金会致力于为穷人提供教育和技术培训，以缩短数字时代人和人之间的差距。如果这一目标得以实现，那么星媒体公司也会从中受益。这对伊斯普拉斯先生来说，无疑是一场双赢的结局。

巴西的慈善事业也从一无所有得到了飞速的发展，主要是由大公司来推动的。在巴西的跨国公司为提高教育水平和儿童健康做出了巨大的努力，从而使当地的公司在惭愧之下不得已而从之，而这一领域正是政府力所不能及之处。

总之，从上面罗列的这些现象来看，我们应该得出结论：金钱的充裕带来的问题不会比缺乏金钱带来的问题少，但要做到让金钱成为仆人而非主人，则问题会简单多了。

明白赚钱最终是为了什么

李嘉诚的儿子曾经问他："爸爸，我们赚这么多钱到底有什么意义？"李嘉诚的回答很简单："赚钱多可以爱国，回报社会。"

李嘉诚的财富众人皆知，但他的一些表现却显得有些"吝啬"。至今他仍然坚持身着蓝色的传统西服，佩戴一块26美元左右的廉价手表，并自豪地说，如今花在自己身上的钱比年轻时少多了。

多年来，李嘉诚一直自掏腰包支付各董事的薪金；从公司收取的酬金，不论多少，全部拨归公司；他在公司里不领薪水，每年只拿600多美元的董事费，没有其他福利津贴，所有私人用品，甚至午餐也从不开公账。

但和其他许多富豪一样，他花在慈善事业上的金钱和时间却不少。如今他平均20%的时间都用在慈善活动中，并表示将来要为慈善事业投入更多的精力与资金。李嘉诚已经捐了5亿美元用于修建各类学校、医院以及开展医疗研究活动。不久前，他又捐出2亿港元用于残疾人事业。

甚至有人问李嘉诚，自己是否考虑过捐赠眼角膜的事，他曾洒脱地表示："我早已说过，到时所有还有用的器官，我都愿意捐出来。"

播种金钱，收获幸福

我们终其一生在追求成功和幸福，成功意味着你得到了你所爱的，幸福则意味着你享受到了你所得到的。

你的目标是同时获得金钱和幸福，那么金钱和幸福的距离有多远呢？

1. 分享你多余的财富

如果你研究过成功人士的生活故事，你会发现他们总是和别人分享财富。这些人对于他们的成功怀着深深的感恩心理，他们非常了解他们的责任。值得注意的是，我并不是说所有有钱人应该负责处理他们的钱，而是说所有幸福的有钱人，应该以负责的态度处理他们的金钱。

有本事赚很多钱的人，也有义务关心那些收入较少的人。钢铁巨头卡内基有句话刚好切中要点："多余的财富是上天赐予的礼物，它的拥有者有义务终其一生将它运用在社会上。"

一般而言，大多数人都愿意帮助比自己贫穷的人，但在帮助他人之前，他们希望能够先让自己成为有钱人。在播种之前，不能先收割。

曾经有一位小气的农夫，他买了一块地，但在投资之前，他想要确定这是不是一项值得的投资。所以他站在那块地旁边观察它，告诉自己："如果这块地秋天的时候能够大丰收，那明年我也会买种子来播种，但是这块地必须先证明它值不值得我这么做。"后来，农夫当然大失所望了。

在农作上，大家都明白：先播种再收获，但不是每次都这样。先播种后收成的观念，让人类从游牧生活转变为农业生活。

人类在自我发展的过程中，会遇到类似的挑战：在消费和储蓄之间做选择。他可以全部都消费掉，连种子都不剩，或者可以存下一部分的钱，当作种子来播种。

2. 如何为财富种下种子

有人花了25年的时间，研究超级富豪的生活。他对金钱方面的建议，值得我们学习："获得金钱的最保险方法，就是先捐钱。了解到这一点的人是幸福的。"

我们知道，有钱人不仅会捐献很多钱，而且还是从很早就开始捐献了。在他们能力几乎还不到捐钱的时期，他们已经开始养成捐钱的习惯。卡内基、沃森、洛克菲勒等——他们从很早的时候就以不同的方式表达他们的感谢。

由于心怀感谢，他们开始捐钱。

3. 1/10的收入

旧约时代的以色列人有个传统：捐献1/10的收入，连农民也不例外。他们会把1/10的收成再埋回土里，不要让大地失血太多，然后再保留约十分之一的收成，当作明年播种的种子。另外，他们也会每十年休耕一年，让大地有喘息的机会。

这种传统后来成为有钱人的习惯，把1/10的收入捐献给收入较低的人。你可以时常发现，事业有成的人在职场上可以是个铁石心肠的谈判对手，但另一方面，对需要帮助的人而言，他们拥有一颗最"温柔的心"。

毫无疑问，有些人纯粹是因为自我的动机才捐钱。当然也有很多人喜欢公开捐钱，因为他们想要制造广告效果。不只如此，有些人喜欢帮助别人，部分原因是他们可以感觉自己高人一等。

但对于需要帮助的人而言，这种争论是无意义的。他得到钱的时候，上面也不会挂着牌子说："这是因为虚荣才捐献的钱"。他们能用这笔钱，解决他们最头疼的一些问题。

4. 愿意分享财富者比较有钱

让人感到惊讶的是，经常捐献1/10收入的人，几乎没有金钱上的困扰。在金钱方面，他们不仅特别幸运，事实上，他们也确实拥有较多的钱。

为什么定期捐献1/10的收入，基本上比那些100%收入都留为己用的人还要有钱呢？为什么90%会比100%还多呢？

这是一种无法以科学方法来解释的现象，但我想在此告诉各位一些想法，让我们更清楚了解这个奇迹。

（1）助人者恒乐之

施比受幸福。只关心自己的人是孤独、不幸且沮丧的。只将注意力集中在自己身上的人，也是孤独的。

"治疗"失落感的最好方法很简单，就是关心别人。伤心和沮丧的人，通常都将注意力太集中在自己身上；如果把心思集中在帮助别人上，可以将自己引出悲伤的情境。帮助别人等于帮助自己。

（2）施与的时候，你证明并提高了金钱的价值

现在你可以证明，金钱可以用来做好事，当然也可以证明金钱是好的。当你利用金钱帮助别人、改善他们的生活时，等于强化了这个想法。同时你

也用这种方式，以负责的态度处理金钱，也因为你做好事，进而提高了金钱的价值。

（3）金钱需要流动

当你能够施与的时候，代表"谢谢，我还有很多我自己用不到，所以可以施与他人。"这种钱财剩余的想法能够帮助你与金钱建立自然的关系；由于没有太高估金钱的重要性，所以你更能享受金钱。

对你而言，金钱是流经你生命的另一种形式的能量。仅仅把这种能量握在手上的人，阻碍了自然的能量流动。而施与越多，生命中就会流入越多的能量。你会更相信，还会有更多的金钱流入你的生命中。

捐钱同时也证明你对自己以及宇宙中能量流动的信任。当你利用这种方式，使对自己及对宇宙的信任不断增大时，你期待有更多的钱流入你的生命中。

5. 帮助别人了解不熟悉的生活层面

孤单地生活，仿佛世界上只有你一个人一样，实在是很不智。而且这种生活不管对你个人或是社会都没有帮助。我们需要别人把我们从独处的洞穴中拉出来，而别人也需要我们。

这里有两个简单但深层的认知：第一，团结力量大；第二，当整体都好的时候，个人也会比较好。

我们不能单独看待个人的幸福，而忽视周围人的情况。

一位著名的喇嘛曾说："在现在这个互相联结的世界上，个人和国家无法单独有效地解决人们的问题，我们彼此需要。我们必须发展一种负责的感觉，保护和维持地球上人类家庭以及弱势同伴，是我们个人也是集体的义务。"

有人曾举"树"做例子，来解决没有人是单独存在的。"我们发现，树笼罩在一个极端细致的关系网中，这个网包含了整个宇宙：小雨落在树叶上，风轻轻摇动树木，土壤提供养分，四季和气候、阳光、月光与星光——这些都是树的一部分。所有的这些，都是帮助树成为树的因素，它不能和任何因素分离。"

爱人者，人恒爱之。金钱也一样；你给世界金钱，世界也会回馈你金钱。

6. 施与者常常有负责的态度

一个负责任的人，不会坐视别人陷于困境而袖手旁观。世界上分配的不平等影响到人类的幸福与和平。即使是在解决分配不平等的道路上也是黑暗的，终而导向战争。

所以，在这条黑暗的道路上，明亮的路灯所能提供的光明特别重要。世界正是需要这种代表路灯的人。也或许正是因为这个原因，世界会给他们更多有力的工具，好让他们绽放更大的光亮。

7. 施与者更容易感受到生命力和能量

施与最能让人感受生命力和能量，所以出自感谢和责任的施与是最好的良医，或纯粹基于对生命和对人类的爱。

幸福的条件是，我们要享受我们拥有的。当我们有所回馈时，最好的方法就是用有责任的行为作为回答。

我们可以利用捐款来播种金钱。这种负责任的方法，就是奇迹发生的条件，让我们播种后的金钱开出美丽的花朵，结出幸福的果实。

播种金钱，收获愉快

金钱可以做坏事，也可以做好事，关键在于用之有道，金钱除了满足基本生活花费外，还可用于慈善事业。

在19世纪与20世纪之交，许多曾使美国工业蓬勃发展的大人物陆续离开人世，对于他们的庞大家产将落在谁的手中，不少人都极为关心。人们预料那些继承人大多数将难守父业，会白白地把遗产挥霍掉。

就拿大名鼎鼎的钢铁大王约翰·W·盖茨来说，他曾在钢铁工业界因冒险而赢得"一赌百万金"称号。后来他把家产传给儿子，儿子却挥霍无度，以致人们给他取了一个诨号叫"一掷百万金"。

自然，人们对于世界上最大的一笔财产，即约翰·D·洛克菲勒先生的财产今后的安排很感兴趣。这笔财产在几年之中将由他的儿子小约翰·戴·洛克菲勒来继承。不言而喻，这笔钱影响所及的范围是如此广泛，以致继承这样一笔财产的人完全能够施展自己的财力去彻底改革这个世界……要不，就用它去干坏事，使文明推迟1/4个世纪。

此时，在老洛克菲勒晚年最信任的朋友、牧师盖茨先生的勤奋工作和真心的建议下，他已先后出了上亿巨款，分别捐给学校、医院和研究所等，并建立起了庞大的慈善机构。这也给小洛克菲勒提供了一个机会，他同时又牢牢地把握住了这一种机会。

小洛克菲勒曾回忆说："盖茨是位杰出的理想家和创造家，我是个推销员——不失时机地向我父亲推销的中间人。"

在老洛克菲勒"心情愉快"的时刻，譬如，饭后或坐汽车出去散心时，小洛克菲勒往往就抓住这些有利时机进言，果然有效，他的一些慈善计划常常会征得父亲同意。

在12年的时间里，老洛克菲勒投资了446719371美元给他的4个大慈善机构：医学研究所、普通教育委员会、洛克菲勒基金会和劳拉·斯佩尔曼·洛克菲勒纪念基金会。

在投资过程中，他把这些机构交给了小洛克菲勒。

在这些机构的董事会里，小洛克菲勒起了积极的作用，远不只是充当说客而已。

他除了帮助进行摸底工作，还物色了不少杰出人才来对这些机构进行管理指导。他应慈善事业家罗伯特·奥格登之邀，和50名知名人士一起乘火车考察南方黑人学校，做了一次历史性的旅行。回来后，小洛克菲勒写了几封信给父亲，建议创办普通教育委员会，老洛克菲勒在接信后两个星期内，就拨了1000万美元，一年半以后，继续捐赠了3200万美元。在往后的20年里，捐赠额不断增加。

出于商业和殖民统治的考虑，1914年，盖茨建议创设中国医学会，并拟订计划在中国北京建立一些现代化的医学院。

于是，北京协和医学院与协和医院诞生了。小洛克菲勒亲自到北京参加了落成仪式的典礼，并在讲话中称它是"亚洲第一流的医学院"；这两座先进的医院为中国人民带来了健康的福音和保障。

洛克菲勒基金所捐赠的范围，极其广泛和复杂性，足可以写成好几部书，它们给人的印象是一个贤明而造福人类的超级慈善机构在高效率运转。

事实上，美国政府在20世纪后半叶办理的卫生、教育和福利事业许多是洛克菲勒在20世纪初叶就发起的。

除了倾力扑灭世界性疾病外，洛克菲勒基金会还把目光转向世界各地的饥荒和粮食供应上。由基金会资助的一些出类拔萃的科学家，发展了玉米、小麦和大米的新品种，对全球不发达国家提供了广泛的技术赞助。

某些基金还用于资助科学技术方面的拓荒工作——在加利福尼亚州建造了世界上最大的天体望远镜，在加利福尼亚大学装置了有助于分裂原子的184英寸回旋加速器。

在美国，有16000名科技人员享受了洛克菲勒基金提供的工作费用，他们当中有不少世界一流的科学家。

除经营那些庞大的慈善机构外，小路克菲勒还独力去干他毕生爱好的工作之一：保护自然。早在1910年，他就买下了缅因州一个景色优美的岛屿，仅仅是为了保护这里崎岖起伏的自然美。他在岛上修路铺桥，既方便了游人又保护了自然。后来他把它们全部捐给了政府，成为阿长迪亚国立公园。

1924年，他在周游怀俄明州的黄石公园时，看到公园道路两旁乱石碎砾成堆，树木东倒西歪，为此大吃一惊。一问，才知是政府拒绝拨款清理路边。于是，他立即花了5万美元资助公园的清理和美化工作。5年之后，清理所有国立公园的路边就成为美国政府一项永久性的政策。

据统计，小洛克菲勒为保护自然花了几千万美元：

建设阿长迪亚国立公园花去300多万美元；

购买土地，把特赖思堡公园送给纽约市花了600多万美元；

替纽约州抢救哈得孙河的一处悬崖花1000多万美元；

捐赠200万美元给加利福尼亚州的"抢救繁荣杉林同盟"；

160万美元给了约塞米国立公园；

16.4万美元给谢南多亚国立公园；

花去1740万美万元买下33000多亩私人地产，把大特顿山的著名景观"杰克逊洞"完整地奉给公众；

小洛克菲勒最大的一项义举是恢复和重建了整整一个殖民时期的城

市——弗吉尼亚州殖民时期的首府威廉斯堡。

那里的开拓者们曾经最早喊出"不自由，毋宁死"的口号，这块地是美国历史上一块"无价之宝"。

小洛克菲勒亲自参加恢复和重建每一幢建筑的工作。他授权无论花多少钱、时间和精力，也要重新创造出18世纪时期那样的威廉斯堡。

结果，他总共付出5260万美元，恢复了81所殖民时期原有建筑，重建了413所殖民时期的建筑，迁走或拆毁了731所非殖民地时期的建筑，重新培植了83亩花园和草坪，还兴建了45所其他建筑物。

1937年，美国政府通过一项法律，把资产在500万美元以上的遗产税率增加到10%，次年又把资产在1000万美元及1000万美元以上的遗产税率增加到20%。即便这样，老洛克菲勒20年中陆续转移、交到小洛克菲勒手里的资产总值仍有近5亿美元，差不多同他父亲捐掉的数字相等。老人给自己只留下2000万美元左右的股票，以便到股票市场里去消遣消遣。

这笔庞大的家产落到小洛克菲勒一人身上，大得令他或其他任何人都吃喝不完，大得令意志薄弱者足以成为挥霍之徒，但小洛克菲勒从来就把自己看作是这份财产的管家，而不是主人，他只对自己和自己的良心负责。

走出大学以来的50年中，小洛克菲勒是父亲的助手，然后全凭自己对慈善事业的热情胸怀花去了8220万美元以上，按照他的看法用以改善人类生活。他说："给予是健康生活的奥秘……金钱可以用来做坏事，也可以是建设社会生活的一项工具。"

他所赞助的事业，无论是慈善性质还是经济性质，都范围广大而影响深远，而且都经过他从头至尾的仔细调查。

"我确信，有大量金钱必然带来幸福这一观念的改变，但它并未使人们因有钱而得到愉快，愉快来自能做一些使自己以外的某些人满意的事。"

说这话的人是老洛克菲勒，但彻底使之变为现实的却是他的儿子小洛克菲勒。

对他来说，赠予似乎就是本职，就是天职，就是专职。

从小洛克菲勒的事业中，我们可以看到，金钱和道德理想结合之后，给人类带来的巨大益处和影响。